U0215492

塞罕坝主要有害生物防控技术

陈智卿　于士涛　国志锋　张建华　编著

中国林业出版社
China Forestry Publishing House

图书在版编目（CIP）数据

塞罕坝主要有害生物防控技术 / 陈智卿等编著.
北京：中国林业出版社, 2024. 7. -- ISBN 978-7-5219-
2768-9

Ⅰ. S812.6

中国国家版本馆CIP数据核字第2024FX4345号

策划编辑：肖静
责任编辑：肖静　邹爱
装帧设计：北京八度出版服务机构
————————————————

出版发行：中国林业出版社
　　　　（100009，北京市西城区刘海胡同 7 号，电话 83143577）
电子邮箱：cfphzbs@163.com
网址：https://www.cfph.net
印刷：河北京平诚乾印刷有限公司
版次：2024 年 7 月第 1 版
印次：2024 年 7 月第 1 次
开本：880mm×1230mm　1/32
印张：3.5
字数：157 千字
定价：48.00 元

《塞罕坝主要有害生物防控技术》
编委会

主　编：陈智卿　于士涛　国志锋　张建华

副主编：辛绍钢　李　双　戴　楠　赵占永

编　委：李　涛　李金龙　赵　鑫　周建波　蔡志勇

　　　　李晓靖　付立华　陈子元　刘　扬　张大地

　　　　朱晓青　王云财　王立民　王海波　孔英剑

　　　　王　薇　龙双红　赵方正　刘晓兰　宋艳辉

　　　　贾　慧　田亚伟　秦雪冰　刘凤民　刘庆东

　　　　刘泰宇　马明月　吴　松

供　图：国志锋　王　龙

统　稿：国志锋

林业有害生物是指危害林木、种苗等林业植物及其产品的任何植物、动物和微生物，包括病、虫、鼠（兔）和有害植物等。据国家林业和草原局统计，全国林业有害生物造成的年均损失1101亿元，其中，直接经济损失245亿元，生态服务价值年均损失856亿元。为有效防治林业有害生物，保护森林资源，促进林业发展，维护自然生态平衡，我国早在1989年12月18日就颁布了《森林病虫害防治条例》，2014年5月26日颁布了《国务院办公厅关于进一步加强林业有害生物防治工作的意见》，2014年9月28日河北下发《河北省人民政府办公厅关于切实加强林业有害生物防治工作的通知》，从法律角度全面规范林业有害生物防控工作，使其有法可依、违法必究。

塞罕坝机械林场总面积140万亩[①]，是国家AAAA级森林公园，同时也是世界上面积最大的人工林林场。由于地处高寒地带，树种结构相对单一，森林生态系统较脆弱，林业有害生物时有发生。据统计，塞罕坝常规年份有害生物发生面积16万亩左右，暴发年份超过50万亩，如得不到及时防控，将对全场森林资源安全造成极大威胁，严重影响塞罕坝林业可持续发展。因此，加强林业有害生物测报、防治

注：①1亩≈1/15hm²，以下同。

工作，保护森林资源安全，促进森林健康是一项紧迫、艰巨而又长期的任务。

为贯彻落实习近平总书记在塞罕坝机械林场考察时的重要指示精神，把几代塞罕坝人接续奋斗的绿色成果"抚育好、管理好、保障好"，秉承绿色、可持续、高质量发展理念，建设一支强有力的林业有害生物防控技术队伍，笔者结合林场有害生物发生现状，将塞罕坝常见的有害生物的识别特征、预测方法、防治措施进行归纳总结并编写成《塞罕坝主要有害生物防控技术》。本书在编写过程中注重实用性，将理论知识与实际操作紧密结合，力求图文并茂、通俗易懂，书中图片未注明出处的，均由国志锋、王龙提供。因编者水平有限，书中难免有所疏漏，敬请读者批评指正。

本书在编写时受到河北农业大学刘军侠教授，中国林业科学研究院曲良建研究员、张真研究员的热心指导，在此一并致谢！

2023 年 3 月 6 日

前　言

目　录

目录

↑↑↑

① 塞罕坝地区概况

1.1 地理位置与气候

塞罕坝机械林场位于河北最北部，西、北与内蒙古多伦和克什克腾旗接壤；南、东分别与河北御道口牧场和围场的4个乡相连。按地形分坝上、坝下两部分：坝上是内蒙古高原南缘，以丘陵、曼甸为主，海拔1500～1940m；坝下是阴山山脉与大兴安岭余脉交汇处，典型的山地地形，海拔1010～1500m。林区气候寒冷，冬长，春秋短，夏季不明显，是典型的半干旱半湿润寒温性大陆季风气候。年平均气温−1.3℃，极端最高、最低气温分别为33.4℃和−43.3℃。年平均降水量479mm，蒸发量1230mm。年平均无霜期64天，积雪时间长达7个月。年均日照时数为2368小时。

1.2 林场基本情况

"塞罕坝"是蒙汉合璧语，意为"美丽的高岭"。历史上的塞罕坝生长着茂密的原始森林，水草丰美、森林茂密，清朝康熙年间被划为"木兰围场"，成为皇家猎苑。但到清朝末年，政府为了弥补国库空虚，于同治二年（1863）、光绪二十八年（1902）、光绪三十年（1904）对木兰围场进行了3次大规模开围伐木、垦荒，直到民国五年（1916）的53年间，累计开围放垦130.3万亩。加之连年战争和山火，到新中国成立前夕，塞罕坝原始自然生态遭到严重破坏，森林荡然无存，变成了风沙漫天、草木凋敝的茫茫荒原。

1962年，原林业部决定在塞罕坝建立大型国营林场——"中华人民共和国林业部承德塞罕坝机械林场"。建场60多年，几代塞罕坝人艰苦创业、接续奋斗，建成了世界上面积最大的人工林场。将昔日"风沙遮天日、鸟兽无栖处"的景象变成"河的源头、云的故乡、花的世界、林的海洋、珍禽异兽的天堂"，创造了沙地变绿洲的人间奇迹。但受当时地形和气候环境的影响，特别是建场初期大风、暴雪、霜冻等恶劣天气频发，适宜在塞罕坝机械林场生存的树种有限，逐渐形成了以落叶松、樟子松、云杉等人工纯林为主，以白桦、柞树、山杨、油松、灌木等为辅的森林群落。截至2021年，塞罕坝机械林场森林总面积115.1万亩，森林覆盖率82%，活立木蓄积量1036.8万 m^3。据中国林业科学研究院2021年核算评估，塞罕坝森林每年可涵养水源2.84亿 m^3，固定二氧化碳86.03万t，释放氧气59.84万t，森林湿地资产总价值231.2亿元，每年提供的生态系统服务价值达155.9亿元。

近年来，塞罕坝机械林场为进一步优化森林结构，提高森林健康水平，稳步推进营造近自然混交林工作，计划到2040年，林场混交林面积达到48.1万亩，占比超过40%，构建起多树种、多层次、近自然状态的异龄、复层混交林，丰富物种多样性，构建健康、稳定、高效的森林生态系统，从而形成一道更加牢固的生态安全屏障。

1.3　有害生物防控情况

塞罕坝机械林场一直注重林业有害生物防控工作。其成立森防机构时间可追溯到1979年，当时称为林业科学研究所森林保护研究室（科员级）。到80年代中后期，林场由造林期向经营期转变，建场初期造的树木开始发生各种有害生物，林场的资源保护压力逐步增大，迫切需要成立专门防治结构。1995年经原河北省林业厅批准成立塞罕坝机械林场森林病虫害防治检疫站（简称森防站），负责全场林业有害生物预测预报、防治、林产品检疫、林业有害生物普查、陆生野生疫源疫病监测等工作。

随着现代林业的不断发展，林场森防站始终坚持"预防为主，科学治理，依法监管，强化责任"的森防方针，不断引进先进的防治技术和手段，最大限度保护非靶标生物安全，减少人为干预力度，减少环境污染，促进生态平衡，努力将各种有害生物稳定在不成灾的水平。但由于塞罕坝机械林场林分组成结构单一，物种多样性低，生态系统自我调节能力低，有害生物的发生日渐严重。特别是近些年随着全球气候转暖，食叶害虫发生危害的势头十分迅猛，据2000—2019年数据统计，塞罕坝机械林场年平均发生林业有害生物16.4万亩次，年平均防治林业有害生物10余万亩次，林业有害生物防控任务艰巨，如不得到积极有效地控制，势必会对林场的森林资源造成严重威胁。因此，建立起完善的有害生物测报、防治和检疫技术体系是保障塞罕坝绿色、可持续发展的必要条件，同时还要与周边区域成立联防联控组织，互通信息，共查漏洞，为区域安全提供强有力的保障。

② 林业有害生物

2.1 概念

林业有害生物是指危害林木、种苗等林业植物及其产品的任何植物、动物或微生物。包括病、虫、鼠（兔）和有害植物等。

2.2 昆虫

2.2.1 定义与主要特征

2.2.1.1 定义

昆虫的身体分头、胸、腹三部分。头部有触角、眼、口器等。胸部有足3对，翅膀2对或1对，也有没翅膀的。腹部有节，两侧有气门，是呼吸器官。多数昆虫都经过卵、幼虫、蛹、成虫等发育阶段。

2.2.1.2 主要特征

①分头、胸、腹3个体段。②头部为感觉和取食的中心，有3对口器附肢和1对触角，通常有复眼及单眼。③胸部是运动和支撑的中心，成虫具有3对足，一般还有2对翅。④腹部是生殖和代谢的中心，具有生殖系统和大部分内脏。⑤变态，昆虫在生长发育过程中，通常经过一系列显著的内部及外部变化，才能转变成性成熟的成虫。

2.2.2 生物学特性

昆虫生物学特性是指昆虫在长期的演化过程中，为适应外界环境条件变化，逐步形成了各自的生活特点及生活习性。其是研究昆虫的个体发育史，包括昆虫的繁殖、发育与变态，以及从卵到成虫各个时期的生活史。通过研究昆虫生物学特性，可进一步了解昆虫共同的活动规律，对害虫防控具有重要意义。

■ 2.2.3　世代和生活史

2.2.3.1　世代

昆虫从卵或幼体离开母体到成虫性成熟产生后代为止的个体发育过程称为生命周期或一个世代，即1代。

1年发生1代的称为年生1代，1年发生多代的称年生多代。两世代中某些发育阶段相互重叠的现象称为世代重叠。

2.2.3.2　生活史

生活史是昆虫在一定阶段的发育史，常以年或1代为时间范围。昆虫在一年中的生活史称年生活史，通常从当年越冬虫态开始活动起，到第二年越冬结束的发育经过，包括一年中发生的世代数、越冬或越夏虫态及场所、各虫态的历期、各世代的发生时期及与寄主植物配合的情况等。

■ 2.2.4　休眠与滞育

2.2.4.1　休眠

休眠是由不良环境条件直接引起的昆虫暂时停止发育的现象。当不良条件消除时，昆虫可立即恢复生长发育。主要条件是温度和湿度。

2.2.4.2　滞育

滞育是指某些昆虫在一定的季节或发育阶段，不论环境条件适合与否，都出现生长发育停滞、不食不动的现象。滞育是昆虫在系统发育过程中响应外界环境条件变化的一种内在的比较稳定的遗传性反应。

2.3 病害

■ 2.3.1 林木病害概念、类型及三要素

2.3.1.1 概念

林木在生长发育过程中受到有害生物的侵染或不良环境条件的影响，导致其正常的生理活动受到干扰、破坏，对林木的生长发育产生不利影响，甚至引起植株死亡，造成显著的生态和经济损失。这种现象被称为林木病害。

2.3.1.2 病害类型

林木病害由于引起的原因不同可以分为两大类，即侵染性病害和非侵染性病害。

侵染性病害：由病原生物侵害植物引起的病害称为侵染性病害。在侵染性病害中，引起林木病害的生物性病原称为病原物，如真菌、细菌、病毒、植原体、寄生性种子植物、线虫等，受害的林木被称为寄主。病原物在寄主体内生活，双方之间既具有亲和性，又具有对抗性，构成一个有机的寄主—病原物互作体系。

非侵染性病害：没有病原生物侵染的林木病害被称为非侵染性病害，包括不利于植物生长发育的各类环境因素，如水分、温度、光照、营养物质、空气组成等一系列因素以及林木自身因素。

林木发生病害的原因大体上分为3种：①林木自身的遗传因子异常。②不良的物理化学环境条件。③病原生物的侵染。

2.3.1.3 三要素

在自然病害系统中，病害的发生需要有病原生物、寄主植物和一定的环境条件三者配合才能引起植物病害，称为"病害三角"或"病害三要素"（图2.1）。病害三角在植物病理学中占据

重要位置，在了解病因、侵染过程、植物抗（感）性和病害流行以及制定植物病害防治对策时，都离不开对病害三角的分析。

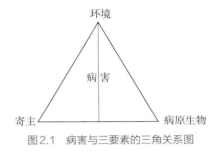

图2.1　病害与三要素的三角关系图

2.3.2　林木侵染性病害

按病原生物种类不同，林木侵染性病害可进一步分为以下几种。

2.3.2.1　林木病原原核生物及其所致病害

原核生物是指含有原核结构的单细胞生物。它的遗传物质分散在细胞质中，没有明显的细胞核。细胞质中含有小分子的核蛋白体，但没有内质网、线粒体等细胞器。原核生物包括细菌、放线菌和植原体等，造成的病害有杨树细菌性溃疡病、梨火疫病、枣疯病等。

2.3.2.2　林木病原菌物及其所致病害

菌物是一类具有真正细胞核的异养生物，典型的营养体为丝状体，细胞壁主要成分为几丁质或纤维素，不含光合色素，主要以吸收的方式获取养分，通过产生孢子的方式繁殖。主要类群有真菌界（70%）的壶菌门、接合菌门、子囊菌门、担子菌门、无性型菌物；原生动物界（10%）的根肿菌门；假菌界或藻物界的卵菌门。造成的病害有针叶树幼苗猝倒病、胡杨锈病、杨树腐烂病、板栗疫病等。

2.3.2.3　林木病原病毒及其所致病害

病毒是包被在蛋白或脂蛋白保护性衣壳中，只能在适合的寄主细胞内完成自身复制的核酸分子，又被称为分子寄生物。病毒的复制依赖于寄主的蛋白质合成系统，需要寄主提供原材料，靠脂蛋白双层膜定位在寄主细胞内的位点上。造成的病害有杨树花叶病、李痘病毒病、苹果锈果病等。

2.3.2.4　林木病原寄生性种子植物及其所致病害

由于根系或叶片退化或缺乏足够的叶绿素而营寄生生活，寄生在不同种类的高等植物的种子植物被称为寄生性种子植物。常见的有菟丝子科、桑寄生科和列当科植物。按寄生物对寄主的依赖程度或获取寄主营养成分的不同可分为全寄生和半寄生两类。造成的病害有云杉矮槲寄生和菟丝子危害白蜡等。

2.3.2.5　林木病原线虫及其所致病害

线虫又称蠕虫，是一类两侧对称原体腔无脊椎动物。其整个发育分为卵、幼虫和成虫3个时期。从卵孵化出来的幼虫一般经3次脱皮变为成虫。植物病原线虫都是专性寄生的。按寄生的方式，可分为外寄生和内寄生两类。根结线虫属和松材线虫是重要的林木病原线虫。造成的病害有松材线虫病和番茄根结线虫病等。

■ 2.3.3　林木非侵染性病害

按病因不同，林木非侵染性病害可分为以下几种。

（1）植物自身遗传因子或先天性缺陷引起的遗传性病害或生理病害。例如，玉米白化病。

（2）物理因素恶化所致病害。例如，大气温度过高或过低引起的灼伤与冻害；风、雨、雷电等大气物理现象造成的伤害；大气与土壤的水分过多或过少引起的旱涝害；人工栽培措施不当导致的病害。

（3）化学因素恶化所致病害。例如，肥料元素供应过多或不足引起的缺素症与营养失调症；大气与土壤中有毒物质的污染与毒害；农药及化学制品使用不当造成的药害。

2.3.4　林木病害症状

2.3.4.1　病害症状

病害症状是植物发病后植物内部的生理活动和外观的生长发育所显示的某种异常状态，包括病状与病征。每一种病害常有它特有的一些症状表现，是描述、命名、诊断和识别病害的重要依据。

病状：是指发病植物本身所表现出来的反常现象。

病征：是指病原生物在植物体上表现出来的特征性结构（营养体和繁殖体）。

2.3.4.2　常见病害症状

林木常见病害症状归纳为七大类，分别如下。

（1）褪绿或变色：病株叶片的色泽发生改变。大多出现在病害症状早期，尤其在病毒病中最为常见。

（2）坏死：发病林木的细胞或组织坏死。常见的有斑点、叶枯、叶烧、猝倒、溃疡、腐烂和炭疽。

（3）畸形：因细胞或组织过度生长或发育不足引起的。常见的有瘿瘤、丛生、变形和疮痂。

（4）枯萎：植物根部或干部维管束组织感病，使水分的输导受到阻碍而致整株枯萎的现象。

（5）流脂或流胶：植物细胞或组织分解为树脂或树胶流出。

（6）粉霉：植物病部表面生白色、黑色或其他颜色霉层或粉状物的症状。粉霉是由病原菌物表面的菌丝体或孢子形成的。

（7）蕈菌：高等担子菌引起的立木腐朽病常在林木树干上生出大型蕈菌（担子果），其他症状不明显。

■ 2.3.5　林木病害诊断

病害诊断是指判断植物生病的原因，确定病原类型和病害种类，为病害防治提供科学依据。

2.3.5.1　病害诊断流程

林木病害的田间诊断步骤如下。

（1）现场调查，注意病害发生的时间性和分布状况，以及病害的发生与地势、地形、土质及方位有无密切关系。

（2）植物病害的症状观察。

（3）植物病害的病原室内鉴定。检查病组织中是否有病原物存在。

（4）植物病害原生物的分离培养和接种。经人工诱发试验进行诊断。

2.3.5.2　非侵染性病害的诊断

非侵染性病害的诊断通过田间观察、考察环境、栽培管理来检查病部表面有无病征。

非侵染性病害具如下特点。

（1）病株在田间的分布具有规律性，一般比较均匀，往往是大面积成片发生。没有先出现中心病株，没有从点到面扩展的过程。

（2）症状具有特异性。①除了高温热灼等能引起局部病变外，病株常表现全株性发病。例如，缺素症，水害等。②株间不互相传染。③病株只表现病状，无病征。病状类型有变色、枯死、落花落果、畸形和生长不良等。

（3）病害发生与环境条件、栽培管理措施密切相关。生理性病害与病毒病害均无病征，容易混淆，区别是病毒病害的田间分布是分散的，且病株周围可以发现完全健康的植株，而生理性病害往往成片发生。

2.3.5.3　侵染性病害的诊断

侵染性病害的诊断通常遵循科赫氏法则。

（1）在发病林木上常伴随有一种病原生物存在。

（2）该微生物可在离体的或人工培养基上分离纯化而得到纯培养物。

（3）将纯培养物接种到相同品种的健株上表现出相同症状的病害。

（4）从接种发病的林木上再分离到其纯培养，性状与原来微生物记录相同。

2.3.5.4　病害诊断时应注意的问题

林木病害诊断时应注意以下问题。

（1）不同的病原可导致相似的症状。如萎蔫性病害可由真菌、细菌、线虫等病原引起。

（2）相同的病原在同一寄主林木的不同生育期、不同的发病部位表现不同的症状。例如，炭疽病在苗期危害幼茎，表现猝倒，而在成株期危害茎、叶和果，表现斑点型。

（3）相同的病原在不同的寄主植物上表现的症状也不相同。

（4）环境条件可影响病害的症状，腐烂病类型在气候潮湿时表现湿腐症状，气候干燥时表现干腐症状。

（5）缺素症、黄化症等生理性病害与病毒病、类菌原体、类立克次氏体引起的症状类似。

（6）在病部的坏死组织上可能有腐生菌，容易混淆和误诊。

■ 2.3.6 病原生物的侵染原理

2.3.6.1 病程

病程即病原生物的侵染过程，是指从病原生物与寄主接触、侵入寄主到发病的过程。典型的林木侵染性病害的侵染过程可分为接触、侵入、潜育和发病4个时期。

（1）接触期：从病原生物与寄主植物接触到侵入之前的时间。

（2）侵入期：从病原生物侵入寄主组织到建立起寄生关系的时间。常见的侵入方式有3种：直接侵入、自然孔口侵入、伤口侵入。

（3）潜育期：从病原生物与寄主建立起寄生关系到寄主出现病害症状的时间。潜育期是病原物与寄主进行剧烈斗争和相互适应的时期。

（4）发病期：寄主出现症状，并进一步发展的时期。

2.3.6.2 潜伏侵染和复合侵染

潜伏侵染：病原生物侵入植物组织后，由于寄主或环境条件的限制，暂时停止生长活动，但仍然保持其生命，寄主林木也不表现症状，这种现象就叫潜伏侵染。

复合侵染：是指由2种以上的病原生物同时或先后侵染引起林木病害的现象。

2.3.6.3 侵染循环

侵染循环是指病原生物从一个生长季节开始侵染林木，使林木发病后，病原生物经历传播、越冬，到下一个生长季节再次进行新的侵染的过程。

侵染循环包括3个基本环节：病原生物的繁殖与传播、病原生物的越冬（或越夏）、病原生物的初侵染与再侵染。

（1）病原生物的繁殖与传播

根据传播的动力分为主动传播和被动传播。在被动传播中，按传播媒介可分为风传播、雨水和流水传播、昆虫和鸟类传播、植物传播（如根接、菟丝子）、人类生产活动传播。病原生物的传播绝大多数是被动的。

（2）病原生物的越冬（或越夏）

场所主要有：生病的植株、病株残体、种实、苗木及其他繁殖材料(接穗、插条、种根等)、土壤、肥料。

（3）病原生物的初侵染与再侵染

初侵染：在一个生长季节开始后，病原生物从其越冬（少数情况下是越夏）的场所散发出来，引起的第一轮侵染。初侵染来源主要是病原生物的越冬场所。再侵染：初侵染完成后病原物在同一生长季进行的其他各次侵染。再侵染来源是当年已发病的植株。

了解病害循环的各个环节的特点，对于控制病害，制定防治策略是十分重要的。

2.3.7　病原生物的寄生性和致病性

病原生物一般具有两个基本属性，一是有寄生性，二是有致病性。

2.3.7.1　寄生性

寄生性是寄生物能够从寄主体内获取营养物质以维持生存和

繁殖的特性。寄生物的类型有：①专性寄生物，如病毒、植原体、白粉菌等。②兼性腐生物，如黑粉菌和部分叶斑病菌。③兼性寄生物，如丝核菌和腐烂病菌。④专性腐生物，专营腐生生活，不能侵染活的有机体。

2.3.7.2　致病性

致病性是病原生物所具有的严重影响或破坏寄主并引起病害的特性。病原物的致病因素有：①掠夺寄主的营养物质，如寄生性种子植物。②酶，如角质酶、细胞壁降解酶、淀粉酶等。③毒素。④生长调节物质。

■ 2.3.8　林木的抗病性

寄主林木抵御（或感受）病原生物侵染活动的特性或能力被称为抗病性（或感病性）。林木抗病性分为垂直抗病性和水平抗病性。通常用高度抗病、抗病、感病、高度感病等几个等级来表示寄主林木不同的抗病能力。

林木的抗病机制有：①抗侵入（被动），如表皮和角质层等。②抗定殖和扩展（被动），如生物碱、酚、单宁等。③保卫反应（主动），如过敏性反应、植物保卫素和植物对毒素的降解作用。

根据病原生物与寄主林木的相互关系和反抗程度的差异通常可分为避病性、抗病性和耐病性3类。

2.4　森林鼠（兔）害及有害植物

■ 2.4.1　概念

鼠（兔）害是指森林中林木的根部、干部、枝条或种实遭受鼠、兔等啮齿动物的啃咬，影响林木的正常生长甚至造成死亡，破坏整个森林资源的结构和功能，并造成经济和生态损失的现象。

鼠类不一定是害鼠，而害鼠是鼠类中重要组成部分。只有害鼠的种群密度超过一定限度（环境安全诊断标准或生态阈值）时，才会对森林造成危害。

■ 2.4.2　分类概述

根据生活习性和危害特点将森林鼠（兔）害划分为3类：地下鼠类、地上鼠（兔）类、野兔类。对农业、林业、牧业造成危害的主要有仓鼠科、鼠科、松鼠科、鼠兔科和兔科的一些种类。

塞罕坝机械林场长期监测结果表明，地下鼠草原鼢鼠为塞罕坝地区优势种，而地上鼠棕背䶄和达乌尔黄鼠危害严重。野兔类主要是草兔。

■ 2.4.3　危害的严重性

森林害鼠（兔）多数分布于我国的东北、华北和西北各地，其危害的树种范围相当广泛，几乎对林区生长的各种针阔叶树种都造成危害，特别对北方的几个主要造林树种，如油松、落叶松、樟子松以及不少经济林木等危害更甚。其危害成为我国北方造林绿化和发展经济林木的主要灾害。

■ 2.4.4　森林有害植物概念

森林有害植物是指能够危害森林资源、生态环境的植物，相当于杂草，包括本土杂草和外来杂草。

③ 塞罕坝昆虫多样性

在塞罕坝地区进行昆虫标本采集，便于了解本地区昆虫多样性、识别益虫、害虫以及害虫被害特征，了解害虫发生规律，拟定有效的防治措施，并针对昆虫多样性加以保护利用。

3.1 昆虫资源

塞罕坝林场是世界面积最大的人工林林场，森林覆盖率高，林木资源总蓄积量大。因其处于森林－草原、森林－沙地交错地带，昆虫种类丰富多样。多年来塞罕坝林场一直重视昆虫多样性保护工作，先后联合中国林业科学研究院、中国农业大学、河北农业大学及河北大学等多所大学科研人员对辖区内昆虫物种多样性进行科学考察，调查了包括人工林生态系统、天然林生态系统、草原生态系统等不同环境的昆虫。通过调查发现塞罕坝林场昆虫种类达19目129科550余种，其中，鞘翅目达45%，鳞翅目达29%，膜翅目和双翅目均超过6%。另外，在针对夏末秋初的昆虫物种进行调查时发现盲蝽、啮虫、夜蛾等植食性害虫，以及褐蛉、草蛉、姬蜂等天敌昆虫种类较为丰富，与塞罕坝机械林场6～7月夏季常见物种组成有差异。

2014年，结合国家林业局第三次全国林业有害生物普查工作安排部署，塞罕坝林场联合河北大学在全国范围内开展了昆虫多样性调查，历时3年共采集昆虫标本5000余号，拍摄昆虫生态照片1800余张，于2023年出版了《河北塞罕坝昆虫》，系统分析了塞罕坝自然概况、昆虫研究背景、昆虫种类多样性组成与分布、昆虫资源类型与保护利用等，收集了塞罕坝六足动物亚门4纲23目134科654属958种(亚种)，列出相关标本的信息、分布、取食对象等。

3.2　昆虫标本采集、制作与保存

3.2.1　采集

3.2.1.1　野外采集

一般选择上午9点至下午5点，此阶段为昆虫活跃期。携带工具有：照相机、外业包、捕虫网、毒瓶、小广口瓶、三角纸袋、镊子、吸虫器、标本盒等。

3.2.1.2　室内饲养

室内饲养主要针对昆虫的某个虫态，在野外难于捕捉。

3.2.1.3　夜间灯诱

标本采集的重要手段一般选择晚上7点30分至次日凌晨4点。携带工具：黑光灯或高压汞灯、幕布、支架、照相机、闪光设备、外业包、毒瓶、小广口瓶、三角纸袋、镊子、吸虫器、标本盒等。

3.2.2　制作

3.2.2.1　制作毒瓶

取中等广口瓶，在瓶底放适量棉花，倒入少量乙醚，再垫上滤纸，盖上瓶盖，制作成简易毒瓶。

3.2.2.2　制作三角纸袋

选较厚而柔软、吸水性能好的新闻纸或半透明的油光玻璃纸、硫酸纸等，裁成长方形（长宽比为3：2）。先进行斜线对折，将多余的部分沿纸边折回，封死其中一角，另一角待虫体装入后再进行封锁（图3.1）。

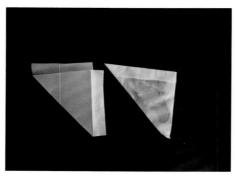

图3.1　三角纸袋

3.2.2.3　制作标本

标本制作包括有害生物标本和被害状标本，均需附有标签，记载寄主名称、采集日期、地点、采集人。

（1）成虫标本制作：经毒瓶杀死的鳞翅目成虫（蛾、蝶）应立即放入纸三角袋内，尽快展翅做出标本（一般在三角袋中存放时间不超过1天）。鞘翅目等昆虫毒死后直接放入标本盒，尽快整肢做成标本。

（2）卵、蛹、幼虫：可用溶液法保存。溶液通常以70%浓度的酒精为好，如再加入0.5%～1%的甘油则更好，也可用5%福尔马林液保存。鳞翅目幼虫可待其体内食物残渣排除后，用沸水烫死，再浸入溶液保存。

（3）虫瘿直接投入70%～75%酒精中保存。

（4）被害状也需要采集。如果是蛀干害虫，应将树皮下蛀道一起采集，晾干或用酒精保存。

■ 3.2.3　保存

（1）待制标本的昆虫的保存。对于采来的昆虫，由于时间或制作工具的限制未能做成标本时，可保存在三角纸袋或棉层中，并应编号、登记、入盒、加药妥善保管，绝不可随意放置。

（2）干燥标本的保存。干燥标本要及时放入标本盒并加药保存。霉雨季节尽量不开启盒盖，雨季过后应进行检查，随时添加防潮、防虫和防霉药剂。一旦发现虫害，要及时用药剂熏杀。

如有条件，应制作标本柜，收藏全部标本盒。如不能制作标本柜，也应将标本盒存放在其他类型的柜橱中，以便于集中保存管理。

（3）浸制标本的保存。发现保存液蒸发减少，应及时补充并密封瓶口，如果保存液浑浊变色，应及时更换。

④ 林业有害生物预测预报

4.1 预测预报类型

按照预测预报时间一般分为短期预测、中期预测和长期预测。

（1）短期预测：通常根据害虫前一两个虫态的发生时期和数量进行预测后一两个虫态的发生时期和数量。预测期限较短，仅在一个世代或半年以内。

（2）中期预测：通常根据上一个世代的发生情况，预测下一个世代的发生情况。预测期限随虫种而异，1年发生1代的虫种为1年，1年发生几代的则为1个月或1个季度。

（3）长期预测：通常由年末或年初预测下一年或全年的发生动态和危害程度。一般根据越冬后或年初测报对象的越冬虫口基数及气象预报等资料进行预测，供防治参考。

按照预测预报的内容划分为发生期预测、发生量预测、发生范围预测和危害程度预测。

（1）发生期预测：是对害虫的卵、幼虫或若虫、蛹、成虫等某一虫态或虫龄出现或发生的初盛、高峰或盛末期进行预测，确定防治的最适时期。

（2）发生量预测：是对害虫可能发生的数量或虫口密度进行预测，了解是否有大发生的趋势和是否会达到防治指标，以确定是否开展防治工作。

（3）发生范围预测：是对测报对象可能分布和蔓延危害的地

区进行预测，以确定采取控制其扩展和蔓延危害的措施。

（4）危害程度预测：是在发生量预测的基础上对有害生物可能造成的危害程度进行预测（一般分为轻微、轻度、中度、重度）。

4.2 林业有害生物预测预报流程

按照踏查→根据踏查结果设立标准地→在标准地内设立标准株→有害生物密度调查→结合繁殖系数计算后进行预测。

4.3 林业有害生物预测预报环节

（1）踏查

到林内实地查看是否有病虫鼠（兔）害发生（也可附上踏查记录表）。

（2）标准地调查

踏查中发现有害生物后需要设立标准地。标准地要求具有代表性，必须达到有害生物寄主面积的1‰～5‰。

（3）标准地调查方法（图4.1）

①五点取样法：从标准地四角的两条对角线的交驻点，即标准地正中央，以及交驻点到四个角的中间点，共计5点取样。该取样方法是应用最普遍的方法之一，当调查的总体为非长条形时都可以采用这种取样方法。

②对角线取样法：适用于面积较大的方形或长方形地块，调查点全部落在标准地的对角线上，可分为单对角线取样法和双对角线取样法两种。

③平行跳跃式取样法：在标准地内每隔若干行取一行或数行进行调查。本法适用于分布均匀的病虫害调查，调查结果的准确性较高。

④棋盘式取样法：在标准地内按照纵横间隔等距离进行取样。取样点在林间的分布呈棋盘格式。

⑤"Z"字形取样法：在标准地相对的两边各取一平行的直线，然后以一条斜线将一条平行线的右端与相对的另一条平行线的左端相连，各样点连线的形状如同英文字母"Z"。此法适用于在标准地的边缘地带发生量多，而在标准地内呈点片不均匀分布的林业有害生物调查。

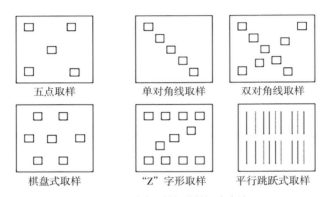

图4.1   几种常用的标准地调查方法

4.4   常用的调查方法

（1）树冠垂直投影1/8样方调查法

能够在树下枯枝落叶层中清晰确认某虫态个体数量的害虫，均采用此方法（图4.2）（松毛虫、落叶松尺蛾、两种线小卷蛾等）。

具体步骤是：设置标准地，在标准株树冠下垂直投影内调查1/8样方。在样方内收集枯枝落叶层及土壤表层中所有幼虫、蛹、预蛹，统计其数量乘以8即为该株数的幼虫（蛹）密度。对于幼树，可采用全样方调查法（图4.3），即直接调查小树冠垂直投影土壤面积内目标数量。

图4.2　树冠垂直投影1/8样方调查　　　图4.3　全样方调查

（2）树冠样枝调查法

以卵、幼虫在树干越冬的害虫均采用此方法（图4.4），例如，落叶松鞘蛾。

每株标准树选取2段10～20cm长树干段为主干样段，查出每样段树皮内的卵粒数及幼虫数。

树冠分为3层，每层选取一样枝。分别查取样枝上20～30cm样段的芽苞内鳞片下、叶丛中、球果内的卵或幼虫数。

图4.4　树冠样枝抽样调查

此方法也可计算非越冬态的虫口密度，如松毛虫幼虫、尺蛾幼虫等虫口密度。

（3）振落法

振落法主要针对于一些具有假死性（或吐丝）习性的昆虫。具体做法是在树冠垂直投影面积内的地面上铺塑料布，振动树干，使害虫落于塑料布上，然后统计并记录塑料布上的虫口数量，如鞘翅目的金龟子成虫、白毛树皮象等。

（4）树干阻隔调查法

针对具有上下树习性的昆虫，在其上（下）树前进行阻隔处理（图4.5）。具体做法：将标准株树干光滑部位刮除一圈老皮（高度一般离地面1m左右），然后缠上2～3圈胶纸带（宽度不少于10cm），在

图4.5　树干阻隔调查

其胶纸带上均匀涂上一层粘虫胶，用胶量根据树的粗细而异，或用塑料碗阻隔法。

（5）灯光诱集法

利用害虫的趋光性，设置光源进行人工引诱（图4.6），以监测害虫发生时间及数量变化。

图4.6　灯光诱集

由于大多数害虫喜好330～400 nm的紫外光波和紫光波，鳞翅目和鞘翅目昆虫对这一波段更为敏感。因此，测报多用能够发出紫外光和紫光为主的黑光灯来作引诱光源。

（6）鼠口密度调查法

一般鼠口密度用捕获率来表示，捕获率是鼠口密度的相对指标。

①地下鼠捕获率采用土丘系数法。

土丘系数法 每种立地类型选择 3～5 块面积 1hm² 的辅助标准地，统计各标准地内的新土丘数。根据土丘挖开洞道，间隔 2 昼夜进行检查，凡封洞者即为有效洞。在有效洞布设捕鼠装置（多为地箭和鼢鼠活捕器）。一昼夜检查 1 次，及时重设捕鼠装置，连续捕杀 2 昼夜。然后统计捕获的鼢鼠种类和数量，计算出土丘系数和捕获率。

土丘系数 = [Σ（辅助标准地内的实捕鼢鼠数/辅助标准地内的土丘数）]/辅助标准数。

标准地内鼢鼠数量 = 土丘数 × 土丘系数

鼢鼠密度（只/hm²）= 标准地内鼢鼠数/标准地面积

捕获率（p）：$p = [n/(N \times H)] \times 100\%$

式中：

p—捕获率；

n—捕获的鼢鼠数；

N—捕鼠装置数；

H—捕鼠昼夜数。

②地上鼠的捕获率调查采用夹日法。

夹日法

鼠铗：棕背䶄、田鼠采用中号板铗（12cm × 6.5cm），鼠兔采用中号或大号板铗（15cm × 8cm），沙鼠采用大号板铗。

食饵：棕背䶄用炒熟的白瓜子或油炸花生米，田鼠、沙鼠用新鲜的胡萝卜，鼠兔用黄豆。

布夹方式：在标准地内，将100个鼠铗按铗距5m、行距20m的平行线或按"Z"字形、棋盘式等形式布放。

检查统计：间隔24小时检查，用空铗将已捕获鼠的鼠铗替换，48小时或72小时后将捕鼠铗全部收回。逐日统计捕获数量并分雌雄记载，计算捕获率。

捕获率 = [捕获鼠数 / (鼠铗数 × 2)] × 100%

或捕获率 = [捕获鼠数 / (鼠铗数 × 3)] × 100%

其中，鼠铗数为实际收回的鼠铗数量。

采用夹日法调查时，要求鼠铗、食饵和布夹方式历次一致。

⑤ 林业有害生物综合防治技术

5.1 无公害防治

■ 5.1.1 概念

无公害防治就是防治措施只对靶标生物发挥作用，除此之外没有任何其他副作用。在实际应用中这样绝对的无害防治是很难做到的，只能将对目标生物的防治作用最大化，将其负面作用最小化。

■ 5.1.2 要求

一是对人畜无毒副作用或毒副作用小。强化安全用药，选用对人畜无毒、低毒农药或使人畜不接触农药即可解决。二是对环境系统无毒副作用或毒副作用小。选用在自然环境中易于分解的高效、低毒、低残留农药。同时，必须严格限制施药空间，尽量不进行大范围施药。三是对非靶标生物无毒副作用或毒副作用小。

■ 5.1.3 途径

（1）加强植物检疫，控制病虫害传播。

（2）加强选种、育苗、造林、经营管理、采伐运输、贮藏等林业各个生产环节的抗病虫管理。

（3）推广灯光诱杀、潜所诱杀、食物诱杀、人工捕杀、阻隔防治、高温杀虫等物理机械防治。

（4）采用人工繁殖释放、招引、保护天敌，昆虫内外激素，昆虫不育技术，病原微生物等生物防治措施。

（5）选用灭幼脲、合成性信息素等选择性和针对性强的仿生农药。必须使用其他农药时，采取涂毒环、树干注射等局部施药技术。

5.2 防治方法

5.2.1 植物检疫

通过植物检疫防止危险性病、虫、杂草随森林植物、林产品以及运载工具传播和蔓延。

5.2.2 营林措施

（1）选栽培育抗病抗虫品种。

（2）因地制宜选用无病虫、性状优良的繁殖材料。

（3）科学管理，根据栽植品种的不同习性，合理进行抚育管理、浇水和施肥。

（4）保持林地、园、圃卫生。

5.2.3 人工物理方法

（1）人工剪除、捕捉。如剪虫瘿、摘砸卵块、铗鼠、破坏越冬场所等。

（2）阻隔。如涂毒环、捆毒绳、上胶环、扎塑料裙（碗）等阻隔虫上下树。

（3）诱杀，包括潜所诱杀、食物诱杀、灯光诱杀、性信息素诱杀和颜色诱杀等几种方法。

潜所诱杀　就是利用某些害虫越冬或日间隐藏的习性，人为制造适于害虫栖息的环境或场所，诱使害虫聚集后集中消灭。

例如，在树干基部束扎稻草或麦秆诱引美国白蛾和松毛虫等蛾类幼虫，在害虫越冬或化蛹时集中杀灭。

食物诱杀　将食物做成诱饵或毒饵，例如，在苗圃地中用糖醋液诱杀地老虎等夜蛾类成虫，在林内用饵木诱引小蠹虫。

灯光诱杀　利用某些害虫对特定光波波段敏感的特性，运用高压汞灯、高压钠灯、碘钨灯等将其引诱并集中消灭。

性信息素诱杀　在人工合成的性引诱剂中加入农药进行诱杀，已经开发成功并商业化生产的性诱剂有红脂大小蠹、云杉八齿小蠹、舞毒蛾、白杨透翅蛾、美国白蛾、松毛虫等害虫的性引诱剂。

颜色诱杀　利用某些昆虫的视觉趋性制作不同颜色的胶板，粘附并杀灭害虫。例如，利用蚜虫具有趋向黄色的习性，可以在林中设置黄色胶纸板诱捕蚜虫。

（4）高温处理。利用高温杀死害虫或病原菌。例如，用高频电波灭杀害虫、用热水浸种消灭某些实象甲和病原菌、用火烧落叶以防治落叶松落叶病等。

（5）放射性元素处理和其他新技术的应用。主要是应用放射能杀死害虫或降低害虫的繁殖能力，达到防治害虫的目的。例如，利用同位素或射线处理害虫、微波杀虫和紫外线灭菌等。

■ 5.2.4　生物防治法

生物防治法就是以一种生物控制另一种生物。

（1）以虫治虫，包括以捕食性、寄生性昆虫和捕食螨治虫。寄生性昆虫在生物防治中有重要地位，已知的有鞘翅目、双翅目、膜翅目、鳞翅目和捻翅目等多种昆虫，其中，应用价值最大的是膜翅目和双翅目的昆虫。应用赤眼蜂防治松毛虫、周氏啮小蜂防治美国白蛾等，都是成功的例子。

（2）以病原微生物治虫。细菌、真菌、病毒、原生生物、立克次体等都可引起昆虫致病。在昆虫自然种群每代80%～99.9%的总死亡率中，有相当一部分死于感染病原微生物。目前，生产上应用较广的有苏云金杆菌（Bt粉剂）、白僵菌、核型多角体病毒等，对松毛虫、美国白蛾、春尺蠖、落叶松尺蠖等都能起到很好的控制作用。

（3）以鸟治虫。鸟类大多都捕食害虫，其中一些大型种类还捕食鼠、兔。例如，大山雀、大杜鹃、红脚隼等，捕食蛾类幼虫、叶蜂、象甲、蝽等多种害虫；啄木鸟主要啄食天牛、吉丁虫、木蠹蛾等蛀干性害虫。所以，人类要保护和创造适于鸟类栖息繁衍的自然环境。

（4）以激素治虫。昆虫的发育和形态变化受脑激素、类蜕皮激素、类保幼激素的控制。用这些激素处理害虫，可致其畸形，引起不育、滞育、生理失调，还可杀卵，从而引起害虫大量死亡或繁殖受阻。例如，应用仿生制剂灭幼脲、除虫脲、杀蛉脲、苯氧威等，对美国白蛾、松毛虫、杨扇舟蛾、分月扇舟蛾、叶蜂、春尺蛾等发育中蜕皮的多重害虫防治效果很好，比使用其他化学农药减少了污染，对天敌的影响小；从昆虫、植物体内提取或仿生的性外激素、植物性引诱剂等"信息素"，如桃小食心虫性诱剂、白杨透翅蛾性诱剂等，在害虫的监测、诱杀方面也有重要作用。

（5）植物带阻隔和敏感植物利用。注意营造混交林（带状混交、块状混交，避免营造大面积纯林），改变一定范围内的植被环境、小气候，以增强生态系统的生物多样性，通过生物种类间相互控制，减少虫害发生。如在东亚飞蝗重灾区，大面积种植其不嗜食的紫花苜蓿可以控制蝗灾等；一些害虫嗜食某种植物，可在其发生区适当种植这种植物，将害虫引诱来，然后集中加以杀灭。

5.2.5　农药防治法

农药防治法是当前病虫害防治中广泛应用、近期效果又显著的措施。

（1）微生物农药（如白僵菌、青虫菌、Bt乳剂、井岗霉素、抗生素402等）、无机农药（如波尔多液、石硫合剂、硫悬浮剂、硫酸铜、柴油乳剂等）、植物性农药（如除虫菊、狼毒、苦参、烟草、鱼藤等）和特异性生长调节剂（如卡死克、苯氧威、灭幼脲、不育剂等）防治法。这些农药防治病虫害效果好，对环境污染小，害虫不易产生抗药性，选择性较强，应积极推广使用。

（2）有机合成农药防治法。这种方法可以迅速直接大面积杀伤病虫害，有效压低病虫种群密度，适用对象广泛，防治效果受自然因素影响较小，施药方法灵活、多样，很少受地区等条件限制，有比较多的农药品种可供选择，防治成本也相对较低。但也有病虫易产生抗药性、环境污染、可导致害虫的再猖獗和次要害虫上升为主要害虫以及不可忽视的对整个自然生态系统的不良影响。长期大量使用这些农药，可导致某些地区环境的逐步恶化，某些病虫害可连年大面积成灾。如棉铃虫失控，连年在农业、林业、果树、花卉上成灾，造成巨大的经济损失，主要是滥用农药造成的。在选择防治措施时，首先要考虑生态系统的自然控制能力，在天敌等自然控制下，病虫害达不到经济危害水平，就不要人为采取防治措施。在病虫的危害超过或可能超过经济危害水平，需要采取农药防治措施时，能用微生物农药、无机农药和特异性生长调节剂防治的，不要用有机合成农药。在不得不采用有机合成农药时，要坚持农药科学使用必须遵循的原则。

6.1 食叶害虫

■ 6.1.1 落叶松毛虫

分布与危害

落叶松毛虫〔*Dendrolimus superans* (Butler)〕，属鳞翅目枯叶蛾科。为害落叶松针叶，暴发时将针叶吃光，状如火烧，严重时导致松树成片枯死（图6.1）。塞罕坝机械林场全域分布。

图6.1 落叶松毛虫幼虫为害状

形态特征

成虫体长：雄虫25～35mm（图6.2），雌虫28～38mm（图6.3）。翅展：雄虫57～72mm，雌虫69～85mm。体色：由灰白到灰褐。

图6.2　落叶松毛虫（雄）

图6.3　落叶松毛虫成虫（雌）

幼虫体长63～80mm（图6.4）。体色变化甚大，有烟黑、灰黑和灰褐3种。体侧有长毛，褐斑清楚。缺少贴体纺锤状倒伏鳞毛。头部褐黄色。额区与傍额区暗褐色，额区中央有三角形深褐斑。

图6.4　落叶松毛虫幼虫

生活习性

1年发生1代，以幼虫越冬，翌年5月上旬开始上树取食，幼虫期为害期可达50多天。7月上旬始见化蛹，7月下旬开始羽化并产卵，8月下旬卵开始孵化为幼虫，9月上旬取食量增加，当密度达到一定程度时就对落叶松形成第二次为害。新孵化幼虫补充营养后，于10月中下旬开始下树，在落叶松枯叶层内越冬。

监测要点

（1）落叶松毛虫幼虫具有秋季下树越冬，春季上树取食习性，可在树干涂抹粘虫胶或绑"塑料碗"监测。

图6.5　落叶松毛虫卵

（2）落叶松毛虫有集中产卵习性，如果发现松针有高粱粒大小密集的卵块（图6.5），应进行详细调查监测。

图6.6　落叶松毛虫茧蛹

（3）落叶松毛虫幼虫可达7龄，最长超过10cm，颜色略有差别，容易在树上发现。

（4）落叶松毛虫茧蛹（图6.6）个体较大，茧蛹全部化在树上，便于观察。

（5）落叶松毛虫成虫趋光性较强，可用灯诱监测。

（6）落叶松毛虫幼虫集中在松针腐殖土中越冬，在每年的11月到翌年4月易于调查。

防治方法

（1）根据该虫具有上下树的特点，在春秋季，用粘虫胶涂干，定期处理防治幼虫。

（2）蛹期时间较长，可人工摘除虫蛹。

（3）在幼虫达到3龄时用25%甲维盐亩施商品药50g航空防治或用1.2%烟参碱、氯氰菊酯等亩施商品药50g喷烟防治。

■ 6.1.2　落叶松尺蛾

分布与危害

落叶松尺蛾［*Erannis ankeraria* (Staudinger)］，属鳞翅目尺蛾科。以幼虫取食落叶松针叶，大发生时将针叶全部吃光，一片枯黄，像火烧一样，严重影响落叶松林木正常生长（图6.7）。塞罕坝机械林场全域分布。

图6.7　落叶松尺蛾为害状

形态特征

幼虫体长27～33mm，呈黄绿色，头黄褐色且有红褐色花纹，上唇淡褐色，背面、腹面各具10条断续黑纹。气门线、腹中线黄绿色。气门长圆形，边缘黑色。幼虫具胸足3对、腹足2对，行走时成"曲弓状"，静止时腹足抓住枝条身体直立很像枯枝（图6.8）。

图6.8　落叶松尺蛾春季幼虫为害

成虫：雌雄异型（图6.9、图6.10）。雄虫体色为浅黄褐色，体长14～17mm，翅展38～42mm，触角短栉齿状。翅大而薄，浅黄色且枯色碎纹。前翅外线暗褐色，曲度大，中室有1暗星斑，外线外也有2星斑，中横线及肾状纹清楚，亚基线略浅而均为褐色，后翅中横线不太清楚，中横线内侧具1个黑褐色圆点。雌虫纺缍形，体长12～16mm，头黑褐色，头顶具白斑；体灰白色，具不规则黑斑。

图6.9　落叶松尺蛾成虫（雄）

图6.10　落叶松尺蛾成虫（雌）

生活习性

5月上旬孵化，幼虫共5龄。3～5龄幼虫是为害猖獗期。老熟幼虫7月上旬在土中或枯枝落叶层内化蛹；8月底至9月上旬成虫羽化，以卵在树皮裂缝内和张开的球果鳞片内越冬（图6.11）。

图6.11　落叶松尺蛾卵

监测要点

（1）该虫8月底至9月上旬集中羽化，落叶松下枯枝落叶层内有大量羽化蛹壳（图6.12）。如有发现，应调查监测。

图6.12　落叶松尺蛾蛹

（2）雌虫翅膀退化，无飞行能力，在树干树皮裂缝或球果鳞片内产卵，产卵后死亡。如果发现落叶松树根部有尺蛾雌虫，应调查监测。

（3）幼虫具受到惊吓吐丝下坠的习性，可在春季采用树枝震动法调查。

防治方法

（1）病毒对尺蛾幼虫有很好的防治作用，可喷施核型多角体病毒进行防治。

（2）在幼虫达到3龄时用1.2%烟参碱、氯氰菊酯等亩施商品药50g喷烟防治效果很好。

6.1.3　舞毒蛾

分布与危害

舞毒蛾［*Lymantria dispar* (Linnaeus)］，属鳞翅目毒蛾科。在塞罕坝机械林场多发生于接坝地区的大唤起、第三乡、阴河3个分场。主要危害落叶松、蒙古栎、山杨等树。

形态特征

成虫：雌雄异型。雄虫体长约20mm，前翅茶褐色，有4、5条波状横带，外缘呈深色带状，中室中央有1黑点。雌虫体长约25mm，前翅灰白色，每两条脉纹间有1个黑褐色斑点。腹末有黄褐色毛丛（图6.13）。

幼虫：老熟时体长50～70mm，头黄褐色有"八"字形黑色纹。前胸至腹部第2节的毛瘤为蓝色，腹部第3至9节的7对毛瘤为红色（图6.14）。

图6.13　舞毒蛾成虫（雌）

图6.14　舞毒蛾幼虫

生活习性

1年1代，5～6月为害最重，6月中下旬陆续老熟，爬到隐蔽处结茧化蛹。蛹期10～15天，成虫7月大量羽化。翌年5月间越冬卵孵化，初孵幼虫有群集为害习性，长大后分散为害。至7月上中旬，老熟幼虫在树干、枝杈、枯叶等处结茧化蛹。

监测要点

（1）舞毒蛾成虫体具有较强趋光性，可灯诱监测。

（2）舞毒蛾幼虫个体较大，易于调查发现。

防治方法

（1）幼虫个体较大，可采用人工捕捉防治。

（2）幼虫达到2龄后可采用25%甲维盐、1.2%烟参碱、氯氰菊酯1500倍液喷雾防治。

■ 6.1.4 华北落叶松鞘蛾

分布与危害

华北落叶松鞘蛾（*Coleophora sinensis* Yang），属鳞翅目鞘蛾科。塞罕坝机械林场全域分布。主要为害华北落叶松。幼虫取食落叶松叶肉，大发生时针叶一片枯黄（图6.15，图6.16），严重影响林木生长和种实产量。

图6.15　华北落叶松鞘蛾为害状（近景）

图6.16　华北落叶松鞘蛾为害状（远景）

形态特征

成虫：体长3～4mm，翅展8.5～11mm。头部光滑，无单眼，触角丝状，26～28节，与身体几乎相等。翅狭长，被银灰色鳞片，后缘具长缘毛，有光泽，前翅顶端1/3部分颜色稍浅。雌蛾颜色浅，腹部较粗大，雄蛾颜色稍深，腹部细而短。

老熟幼虫体长约5mm，黄褐色（图6.17，图6.18），头及前胸背板黑褐色，闪亮光，腹足退化。

图6.17　华北落叶松鞘蛾幼虫　　　图6.18　华北落叶松鞘蛾幼虫为害状

生活习性

1年1代，以初孵幼虫负载鞘囊在短枝、小枝基部、树皮缝内越冬，翌年4月下旬爬到芽孢上取食，5月上旬另作新鞘囊继续取食为害。5月下旬化蛹，6月上旬羽化成虫，7月上旬为幼虫孵化盛期，初孵幼虫直接钻蛀枝叶内取食叶肉，受害叶外表有褐色条纹，10月中旬开始越冬。

监测要点

（1）该虫以负鞘幼虫越冬（图6.19，图6.20），每年10月在落叶松芽苞周围发现有负鞘幼虫时，应加强监测。

（2）在塞罕坝地区，在4月底至5月初发现落叶松针叶枯黄现象，应对鞘蛾进行调查。

图6.19 在芽苞周围越冬的负鞘幼虫　　图6.20 春季为害落叶松新叶的鞘蛾幼虫

防治方法

　　该虫发生具有密度大、为害迅速的特点，因此要特别加强监测，在发生初期用1.2%烟参碱、氯氰菊酯等亩施商品药30～50g喷烟防治。

■ 6.1.5　两种线小卷蛾

分布与危害

　　落叶松线小卷蛾（*Zeiraphera lariciana* kawabe）和松线小卷蛾 [*Zeiraphera grisecana*（Hübner）]，属鳞翅目卷蛾科线小卷蛾属。两虫由于习性相近，常混杂发生，故简称两种线小卷蛾。主要为害落叶松成林（图6.21）。塞罕坝机械林场全域分布。

图6.21 两种线小卷蛾危害状

形态特征

落叶松线小卷蛾成虫翅展9～15mm，前翅深灰褐色；幼虫灰白色至黄白色，头胸足深褐色。松线小卷蛾成虫翅展14～20mm，深灰白色；幼虫灰褐色（图6.22）。

图6.22　两种线小卷蛾幼虫态

生活习性

两种线小卷蛾1年1代，以卵在树皮下或老球果内越冬。翌年4月下旬至5月上中旬孵化，幼虫期42～46天。6月上中旬老熟幼虫下树，在枯枝落叶层内结茧化蛹。7月中下旬成虫羽化。8月上中旬后以卵越冬。卵产在树皮鳞片、种食球果及小枝芽苞内。

监测要点

（1）该虫7月中下旬羽化后，落叶松松针腐殖土里留有大量蛹壳（蛹壳个体小于落叶松尺蛾，如图6.23，发生时间比尺蛾蛹早一个月），发现后应重点监测。

图6.23　两种线小卷蛾蛹羽化后遗留的蛹壳

（2）春季幼虫取食时，吐丝将落叶松松针卷成卷（图6.24），发现后重点监测。

图6.24 两种线小卷蛾幼虫为害初期松针状态

防治方法

在为害初期采用1.2%烟参碱、氯氰菊酯等亩施商品药50g喷烟防治。

■■ 6.1.6 锯胸叶甲

分布与危害

锯胸叶甲（*Syneta adamsi* Baly），属鞘翅目叶甲总科锯胸叶甲亚科，锯胸叶甲属。

食性范围比较广，包括裸子植物及被子植物，如松科、桦木科、蔷薇科、槭树科、山毛榉科、杨柳科、山茱萸科、虎耳草科等植物。在塞罕坝机械林场全域地区以成虫为害落叶松、樟子松、云杉幼树新叶或新生长点，造成危害部位以上枯死，严重影响造林成活率（图6.25，图6.26）。

图6.25　锯胸叶甲成虫为害樟子松新梢

图6.26　锯胸叶甲成虫为害落叶松新叶

形态特征

成虫体长5.2～7.2mm，体宽2.5～3mm（图6.27）。背面淡棕色至棕红色，有时黑褐色或全黑色。头部密被粗刻点；触角细长，雄虫较雌虫稍长，但不到体长的一半。前胸背板筒形；鞘翅长形，两侧近于平行。雌虫腹

图6.27　锯胸叶甲成虫

部刻点较雄虫密。足胫节端不特别粗，中、后胫节均有二距，腿节稍膨，爪分裂。雌虫腹末节凹洼较深，雄虫末节平坦，端缘中部微拱。

生活习性

成虫于5月下旬至6月中旬为害新造幼树嫩梢或取食针叶。其个体之间颜色有差异，活动能力较差，阴天下雨时，在枝梢生长枝内不动；晴天气温较高时取食能力增强，成虫寿命短，经常可见交配状态（图6.28），飞行能力较差，只能短距离飞翔。

图6.28　锯胸叶甲成虫交配状

监测要点

　　重点监测2～5年幼树。在天气晴朗、气温相对较高时，调查幼树生长点有无锯胸叶甲，或者在远处看新生嫩芽耷拉、枯萎（图6.29），而其他部分无枯萎现象，即可初步认定是锯胸叶甲为害。

图6.29　被锯胸叶甲成虫为害扭曲的樟子松新梢

防治方法

　　成虫为害前，采用触破或绿色威雷800～1000倍液喷雾防治。

■ 6.1.7　落叶松叶蜂

分布与危害

　　落叶松叶蜂［*Pristiphora erichsonii* (Hartig)］，又名落叶松红腹叶蜂，属膜翅目叶蜂科。以老熟幼虫在树冠下及周围的枯枝落叶层及松软的土壤中结茧，以预蛹越冬。主要为害华北落叶松、兴安落叶松。以幼虫蚕食新梢针叶，可使新梢弯曲，枝条枯死。塞罕坝机械林场全域分布。

形态特征

　　成虫：雌虫体长6.1～6.5mm。体黑色，有光泽。触角黑色；端部及下方淡褐色。上颚基部黑色，端部褐色。上唇、唇基前缘、前胸背板后缘、翅基片、腹部第九背板均淡黄色，其余部分均黑色。足基节基部黑色，腿节中段、胫节端部、跗节端部均淡黑色，其余淡黄色。翅透明，翅脉淡黄褐色，翅痣淡黄色。雄虫体长4.8~5.6mm，全身黑色。其余与雌虫相同（图6.30）。

幼虫：老熟幼虫体长11~16mm，平均14.5mm。头绿色，具褐黄色斑点。上唇褐色。头圆形。触角末节短平。全身绿色。背线深绿色，亚背线白色，气门线白色。胸足周围有白色斑（图6.31）。

图6.30　落叶松叶蜂成虫（张真拍摄）

图6.31　落叶松叶蜂幼虫（张真拍摄）

生活习性

落叶松叶蜂羽化高峰期在6月中旬，成虫多孤雌生殖，羽化后就能产卵。卵期3~5天，初孵幼虫有群居特性，1龄幼虫仅取食嫩叶叶肉，2龄以后逐渐取食整叶，3龄以后取食老叶。

监测要点

（1）落叶松叶蜂成虫将卵产在针叶上，针叶受到刺激弯曲（图6.32），当看到落叶松针叶成簇弯曲时，考虑落叶松叶蜂为害。

（2）落叶松叶蜂幼虫成群孵化（图6.33），在6月中下旬看到针叶上有成群孵化的绿色小虫子，考虑是否为落叶松叶蜂。

图6.32 落叶松针叶受到叶蜂产卵刺激形成扭曲（张真拍摄）

图6.33 初孵落叶松叶蜂幼虫（张真拍摄）

防治方法

线虫对落叶松叶蜂防治效果很好，也可以在幼虫达到3龄后采用25%甲维盐1500倍液喷雾或用1.2%烟参碱等亩施商品药50g喷烟防治幼虫。

6.1.8 落叶松腮扁叶蜂

分布与危害

落叶松腮扁叶蜂［*Cephalcia lariciphila* (Wachtl)］，属膜翅目扁叶蜂科腮扁叶蜂属。塞罕坝机械林场全域分布。其幼虫暴食落叶松针叶，连续为害3年以上可造成树木长势衰弱甚至死亡。

形态特征

成虫：雌虫体长10～12mm。头部黑色；唇基前缘及中央、触角侧区大部分及其后方形纹、中单眼下2近圆形斑、侧缝上长纹、沿颊及眼后区后缘以及由此伸出而与触角侧区方形纹相连的细纹黄白色。触角柄节大部分、梗节背面黑色；鞭节红褐色，其端部色较深。胸部黑色；前胸背板两端及后缘大部分、中胸前盾片后部、中胸盾片后部近方形纹、中胸小盾片上纹、翅基片均黄白色。翅半透明，微带淡黄色，顶角及外缘稍带烟褐色；翅痣及翅脉黑褐色；翅痣下有1淡烟褐色横带直达翅后缘。足胫节及跗节黄色，其余各节黑色。腹部黑色；背板两侧、第二至第八背板后缘、腹板后缘均黄色。唇基较平；额脊不太突出；中窝浅；侧缝、冠缝、横缝明显；中胸盾片刻点粗疏。腹部刻点极细密，呈细横皱纹状。触角23节。雄虫体长8～9mm。头部黑色；沿颊及眼后区后缘上纹、触角侧区大部分、唇基前缘及中央黄色；触角柄节背面黑色，其余环节红褐色，尖端黑色。胸部黑色，前胸背板两端及翅基片黄白色；腿节前半部黄色。腹部黑色；背板两侧及抱器黄色。头顶及眼后区刻点较雌虫者粗密。触角23～25节。

卵：长椭圆形，稍弯曲，长1.8～2mm，初产时与针叶颜色相同，快孵化时变为银灰色。

幼虫：老熟幼虫长15～20mm（图6.34），灰褐色。头盖板、触角、气门周围暗褐色。尾须及胸足黑褐色，以后变为草绿色或绿色。

蛹：口器、复眼、触角淡绿色，触角长达腹部第五节。

生活习性

该虫在塞罕坝地区1年1代，以预蛹在土内越冬，少数预蛹有滞育现象，可在1年多羽化。越冬预蛹翌年4月中旬在土内化蛹，4月下旬为盛期，5月上旬为盛末；5月上旬蛹开始羽化，5月中旬为盛期，5月下旬为盛末；5月中旬成虫开始产卵，5月下旬为盛期，6月上旬为盛末；6月上旬卵开始孵化，6月中旬为盛期，6月下旬为盛末；6月中旬至7月上旬是为害期。老熟幼虫于6月下旬开始下树做土室以预蛹越冬。

图6.34 落叶松腮扁叶蜂幼虫（徐茂盛拍摄）

监测要点

（1）落叶松腮扁叶蜂幼虫有吐丝特性，当发现落叶松树上有大量白色丝网，可考虑为落叶松腮扁叶蜂为害。

（2）6月后在落叶松根部土壤中发现叶蜂蛹室，可考虑为落叶松腮扁叶蜂。

防治方法

在幼虫达到2龄后采用25%甲维盐1500倍液喷雾或用1.2%烟参碱、氯氰菊酯等亩施商品药50g喷烟防治幼虫。

6.1.9 短鞘槌缘叶蜂

分布与危害

短鞘槌缘叶蜂（*Pristiphora* sp.，新种，另文发表）为膜翅目叶蜂科槌缘叶蜂属，主要以幼虫为害云杉属植物的针叶和新生长嫩枝（图6.35），塞罕坝机械林场全域分布。

图6.35   短鞘槌缘叶蜂幼虫为害状

生活习性

　　1年1代，6月下旬至7月上旬以幼虫取食云杉针叶，大发生时将云杉针叶全部吃净，造成枝条干枯以致翌年苗木死亡。

　　9月以预蛹在地下枯枝落叶层越冬（图6.36）。成虫产卵期在6月上旬至6月下旬，幼虫为害期在6月中旬至7月初，化蛹期在7月上中旬。

图6.36　短鞘槌缘叶蜂蛹

监测要点

（1）该虫以成虫将卵产在针叶背面（图6.37），孵化后直接在叶背面取食（图6.38），再加之虫体颜色与针叶颜色相近，调查时需要翻转针叶。

图6.37　产在云杉针叶上的
短鞘槌缘叶蜂的卵

图6.38　在云杉叶背孵化的短鞘槌缘叶
蜂幼虫

（2）幼虫取食时两对前足"抱"住针叶"翘尾"取食（图6.39）。

图6.39　短鞘槌缘叶蜂幼虫取食状态

防治方法

幼虫达到1～3龄期，采用25%甲维盐、1.2%烟参碱、氯氰菊酯1500倍液喷雾防治。

■ 6.1.10　云杉腮扁蜂

分布与危害

云杉腮扁蜂［*Cephalcia abietis* (Linnaeus)］，属膜翅目扁叶蜂科。主要为害2年生以上云杉，以10年生以上为害最重，幼虫在侧枝做虫巢（图6.40）并取食针叶为害，严重者可将针叶食净，

图6.40　云杉腮扁蜂幼虫为害造成的虫巢

造成整株树木枯死。塞罕坝机械林场全域分布。

形态特征

成虫：雌虫体长12～13mm，雄虫体长9～10mm。头部黑色，翅透明，顶角及外缘部分稍带褐色。翅基片深黄色，翅痣黑色。雄虫腹部背板1.2黑色，其余红黄色；中胸盾片及小盾片刻点较密（图6.41）。

幼虫：龄期5～6龄。老熟幼虫体长16～20cm，灰绿色，头褐黑色，具光泽。额墨绿色，上唇黄绿色，唇基、下颚及额基绿色，触角黄褐色。前胸盾片黑色，胸部其余部分及腹部墨绿色。2龄至老熟前有绿色背线1条及褐色暗线3条。尾须基节绿色，休眠及滞育预蛹橄榄色（图6.42）。

图6.41　云杉腮扁蜂成虫

图6.42　云杉腮扁蜂幼虫

生活习性

该虫2年1代，以老熟幼虫在土中做土室越冬。5月中旬开始化蛹（图6.43，图6.44），下旬为化蛹盛期。6月中旬成虫开始羽化，下旬为盛期。6月中旬开始产卵，下旬为盛期。7月上旬幼虫孵出，中旬为盛期。8月上旬老熟幼虫开始坠落地面入土，中旬为盛期，9月上旬为末期。翌年该虫以预蛹滞育1整年。

图6.43　土层中云杉腮扁蜂蛹

图6.44　蛹室中的云杉腮扁蜂

监测要点

（1）成虫飞行能力弱，在6月下旬到7月上旬集中产卵。如发现云杉树干上有大量叶蜂，应加强调查监测。

图6.45　云杉腮扁蜂幼虫为害状

（2）幼虫有吐丝做巢集中取食的习性（图6.45），发现后要调查监测。

（3）该虫以老熟幼虫在云杉成林枯枝落叶层下越冬，可用树冠垂直投影1/8样方法调查。

防治方法

（1）幼虫发育到3龄时可用1.2%烟参碱、氯氰菊酯等亩施商品药50g喷烟防治。

（2）成虫产卵期，用3%高渗苯氧威乳油兑触破800倍液喷雾防治。

6.2　蛀干害虫

■ 6.2.1　红脂大小蠹

分布与危害

红脂大小蠹又名强大小蠹（*Dendroctonus valens* LeConte），属鞘翅目小蠹科大小蠹属。主要为害油松、樟子松，成虫入侵树干基部，繁殖大量幼虫，幼虫取食树木韧皮，形成坑道，切断树木疏导组织，造成树木干枯而死（图6.46）。塞罕坝机械林场零星分布。

图6.46　被红脂大小蠹为害致死的油松

形态特征

成虫：圆柱形，长5.7～10.0mm，淡色至暗红色。雄虫长是宽的2.1倍，成虫体有红褐色，额不规则凸起，前胸背板宽；具粗刻点，向头部两侧渐窄，不收缩；虫体稀被排列不整齐的长毛。雌虫与雄虫相似，但眼线上部中额隆起明显，前胸刻点较大，鞘翅端部粗糙，颗粒稍大（图6.47）。

图6.47　红脂大小蠹成虫

卵：圆形，长0.9～1.1mm，宽0.4～0.5mm，乳白色，有光泽。

幼虫：老熟幼虫体长平均11.8mm。体白色，头部淡黄色。口器褐黑色。

蛹：体长6.4～10.5mm，初为乳白色，渐变为浅黄色、暗红色。

生活习性

主要为害已经成材且长势衰弱的大径立木，在新鲜伐桩和伐木上为害尤其严重。1年1～2代，虫期不整齐，1年中除越冬期外，在林内均有红脂大小蠹成虫活动，高峰期出现在5月中下旬。雌成虫首先到达树木，蛀入树皮到韧皮部，木质部表面也可被刻食。在雌虫侵入之后较短时间里，雄虫进入坑道。当到达韧皮部时，雌虫首先向上蛀食，连续向两侧或垂直方向扩大坑道，直到树液流动停止。一旦树液流动停止，雌虫向下蛀食，通常到达根部。侵入孔周围出现凝结成漏斗状块的流脂和蛀屑的混合物（图6.48，图6.49）。各种虫态都可以在树皮与韧皮部之间越冬，且主要集中在树的根部和基部。

图6.48　红脂大小蠹成虫危害状　　　　图6.49　被红脂大小蠹危害的樟子松

监测要点

（1）主要调查樟子松、油松，看树根周围是否有白色粉末状颗粒（图6.50），如有，一般即可断定有红脂大小蠹为害。

（2）注意观察樟子松、油松1m以下树干部位是否有漏斗状凝脂（图6.51），如有，即可断定有红脂大小蠹为害。

图6.50　红脂大小蠹为害后在树根造成的白　　图6.51　红脂大小蠹为害造成的
　　　　　色粉末　　　　　　　　　　　　　　　　　　漏斗状凝脂

防治方法

（1）每年至少开展一次红脂大小蠹的普查工作，防止疫情扩散。

（2）采用信息素诱杀，诱捕器下口距地面20～50cm，禁止将诱捕器挂在红脂大小蠹为害树种上。

（3）去除红脂大小蠹入侵口的凝脂，用注射器注入氧化乐果或敌敌畏3mL，然后用泥或乳胶堵死树干上的侵入孔。

（4）树干熏蒸。刮净树干1m处老树皮，紧密捆绑塑料裙，下部深埋到树根周围的土中，形成圆锥状。在树根周围的塑料内均匀放3～5g磷化铝片。

■ 6.2.2　落叶松八齿小蠹

分布与危害

落叶松八齿小蠹［*Ips subelongatus* (Motschulsky)］，属鞘翅目小蠹科。主要为害落叶松衰弱树、濒死树、楞场木材等，通过幼虫取食树木韧皮部位，形成坑道，切断树木疏导组织，造成树木干枯死亡（图6.52）。塞罕坝机械林场全域分布。

图6.52　被落叶松八齿小蠹危害状

形态特征

成虫体长5～6mm，长圆柱形（图6.53）。黑褐色，有光泽。额上只有粗糙的颗粒和绒毛，无大的瘤起。鞘翅上的刻点清晰，由大而圆的刻点组成，鞘翅末端凹面部两侧各有4个齿，其中，第三个最大。凹面边缘和虫体周缘被较长绒毛。

图6.53　落叶松八齿小蠹成虫

生活习性

1年1代，部分1年2代。春季世代的5月下旬越冬成虫开始出蛰、交尾、产卵（图6.54），6月上旬幼虫孵化，下旬化蛹，7月上旬最早见到新成虫；其中的姊妹世代为6月下旬部分越冬雌虫在产卵

图6.54 树皮中落叶松八齿小蠹的卵

的过程中从原坑道中飞出，在取食后再次入侵（图6.55）、筑坑、产卵，7月上旬幼虫孵化，7月下旬始化蛹，8月上旬即见到姊妹世代的新成虫。

春季世代羽化较早的发生第二代，即新成虫7月上中旬补充营养后，7月下旬继续扬飞、筑坑、交尾、产卵，8月上旬幼虫孵化，下旬化蛹，9月上旬出现新成虫。各世代的成虫10月上旬均越冬蛰伏，主要在枯枝落叶层、伐根及原木树皮下越冬，少数以幼虫、蛹在寄主树皮下越冬。

成虫具3次扬飞高峰期，即5月中旬、7月中旬及8月中旬。

图6.55 落叶松八齿小蠹成虫侵入孔

监测要点

（1）该虫成虫侵染楞场木材或长势较弱树木时，钻蛀洞道产生大量红色木屑（图6.56），发现时要及时调查。

图6.56　落叶松八齿小蠹侵染留下的红色木屑

（2）该虫成虫一年有2～3次扬飞期，发现楞场木材或楞场周围树干上落叶松八齿小蠹时，要及时调查。

（3）该虫幼虫树皮内取食（图6.57，图6.58），可扒开被侵染木材或树木树皮调查。

图6.57　准备入侵落叶松的落叶松八齿小蠹成虫

图6.58　树皮中落叶松八齿小蠹的蛹

防治方法

（1）营造混交林，及时清理林内濒死木、枯死木，提高树木自身抗性。

（2）饵木诱杀。在成虫扬飞期，选择新死的树木做饵木放在小蠹虫发生地，每亩放置2～4根。待成虫产卵后到新成虫羽化前及时剥皮销毁。

（3）加强监测，在小蠹虫扬飞初期采用触破或绿色威雷500倍液喷树干保护与防治。

（4）及时清理已经被侵染的树木，防止侵染木成为新虫源地。

（5）楞场远离林区，加强木材楞场的监测和防治。

■ 6.2.3　白毛树皮象

分布与危害

白毛树皮象（*Hylobius albosparsus* Boheman），属鞘翅目象虫科树皮象亚科树皮象属。主要为害2年生以上的落叶松、云杉、樟子松幼树，通过取食枝干韧皮部切断营养运输通道，造成树木长势衰弱、主梢枯黄甚至死亡，极大地影响造林更新成果（图6.59）。塞罕坝机械林场全域分布。

图6.59　正在为害樟子松的白毛树皮象

形态特征

成虫：体长11～15mm，长椭圆形，体深褐色。头部背面布满不规则的、大小不等的圆形刻点。喙长而粗，略弯；前胸背板宽略大于长，散布深坑，中间两侧各有1大窝；鞘翅深棕色，较前胸宽，上有近长方形的成虚线排列的刻点和金黄色鳞片花纹，形成3条不规则的横带。雌虫腹部背面7节，第一腹节腹面微凸；雄虫腹部背面8节，第一腹节腹面不凸（图6.60）。

图6.60　白毛树皮象成虫

幼虫：体色白色或黄白色（图6.61）。在伐根皮层内沿伐根向下或沿侧根扩展取食，产生的粪便和木屑充塞虫道，虫道形状与幼虫体型相似。

图6.61　伐根坑道内的白毛树皮象幼虫

生活习性

该虫2年1代，皆伐迹地、新造林地为白毛树皮象的易发区。该虫以老熟幼虫在落叶松伐根内越冬，成虫在枯枝落叶层越冬。成虫与6月上旬开始上树为害，6月中下旬为为害盛期。成虫咬食幼树树干的韧皮部补充营养后，6月末寻找迹地伐根产卵，卵产在伐根皮层中或伐根周围泥土中，产卵量平均110粒左右。产卵后2~3周孵化为幼虫，幼虫5龄。10月中旬，幼虫进入老熟期，在伐根皮层内做蛹室越冬。越冬幼虫7月开始化蛹（图6.62），蛹期一般2~4周。8月下旬开始羽化，羽化后要在蛹室中潜伏约10天（即9月上旬）才出土，寻找幼树取食为害，为害盛期在9月中下旬。

图6.62 白毛树皮象蛹

监测要点

（1）白毛树皮象的卵期（图6.63）、幼虫期、蛹期均在落叶松伐根中。当落叶松新采伐迹地伐根发现虫道后，应调查白毛树皮象。

（2）造林地幼树枝干被不规则啃食（图6.64），应对进行白毛树皮象调查。

图6.63 树根中白毛树皮象的卵　　　图6.64 幼树枝干被不规则啃食

防治方法

（1）对白毛树皮象发生区新采伐迹地用机犁沟整地，破坏皮象幼虫生境，隔年造林效果较好。

（2）成虫为害期采用人工捕捉。

（3）成虫为害初期，采用触破胶囊（氯氰菊酯缓释胶囊）或绿色威雷500倍液人工喷雾保护幼树。

6.3 刺吸类害虫

■ 6.3.1 落叶松球蚜

分布与危害

落叶松球蚜（*Adelges laricis* Vallot）（图6.65，图6.66），属同翅目球蚜科。主要为害落叶松、云杉属林木，具有转主寄生的特点。塞罕坝机械林场全域分布。

图6.65　虫瘿中的落叶松球蚜　　　　图6.66　发育中的落叶松球蚜

形态特征

干母第一龄腹面前、中和后足基节有腺孔群，腺孔圆形，数量不等。有翅瘿蚜腹部背面第5节中侧蜡片愈合，第6节各蜡片均愈合。伪干母第一龄腹面中足和后足基节有蜡孔群，每一基节上2群，内外各一，蜡孔圆形，数量不等。触角第三节顶端毛长为该节宽的4.5倍。伪干母成虫腹部第一至六节无缘蜡孔组成的缘蜡片。

生活习性

该虫具有转主寄生特性，即完成周期生活史需要2个寄主。第一寄主是云杉属树种，主要在其枝条端部产生大量的虫瘿为害（图6.67）；第二寄主是落叶松属树种，主要以侨蚜刺吸落叶松针叶及嫩枝汁液，并产生大量白絮状分泌物，造成枝条霉污而干枯，落叶松枝提前脱落。

图6.67　落叶松球蚜虫瘿

监测要点

（1）该虫寄主是落叶松和云杉，因此应对落叶松、云杉混交地块重点监测。

（2）发现云杉树上的虫瘿（图6.68），要加强调查监测。

图6.68　羽化后的落叶松球蚜虫瘿

防治方法

（1）在造林上尽可能避免落叶松、云杉混交。

（2）及时摘除新感染虫瘿，并焚烧处理。

（3）化学防治。在侨蚜第一代卵孵化盛期（1龄若蚜期），使用50%吡虫啉杀蝉水分散粒剂1500～2000倍或25g/L高效氯氟氰菊酯乳油1000倍液。

6.4　地下害虫

■ 6.4.1　铜绿丽金龟

分布与危害

铜绿丽金龟（*Anomala corpulenta* Motschulsky），属鞘翅目丽金龟科。主要以幼虫为害2～10年生云杉、落叶松、樟子松等幼苗根部，环剥地下根韧皮部，造成疏导组织受损，营养无法运输，导致整株干枯死亡（图6.69，图6.70）。主要发生在沙性土壤的幼林地，附近有牲畜圈养则为害尤为严重。该虫在塞罕坝机械林场全域均有分布。

图6.69　被铜绿丽金龟为害致死的樟子松

图6.70　侧根及根皮被铜绿丽金龟取食的幼树

形态特征

成虫：体长15～22mm，宽8.3～12.0mm。长卵圆形，背腹扁圆，体背铜绿具金属光泽，头、前胸背板、小盾片色较深，鞘翅色较浅，唇基前缘、前胸背板两侧呈浅褐色条斑。前胸背板发达，前缘弧形内弯，侧缘弧形外弯前角锐，后角钝。臀板三角形黄褐色，常具1～3个形状多变的铜绿或古铜色斑纹。腹面乳白色、乳黄色或黄褐色。头、前胸、鞘翅密布刻点。小盾片半圆，鞘翅背面具2纵隆线，缝肋显，唇基短阔梯形。前线上卷。触角鳃叶状9节，黄褐色。前足胫节外缘具2钝齿，内侧具1内缘距。胸下密被绒毛，腹部每腹板具毛1排。前、中足爪一个分叉，一个不分叉，后足爪不分叉（图6.71）。

图6.71　铜绿丽金龟成虫

生活习性

该虫1年1代，以老熟幼虫越冬（图6.72）。翌年春季越冬幼虫开始活动，5月下旬至6月中下旬为化蛹期（图6.73），7月上中旬至8月为成虫期，7月上中旬是产卵期（图6.74），7月中旬至9月是幼虫为害期，10月中旬后陆续进入越冬。少数以2龄幼虫、多数以3龄幼虫越冬。幼虫在春、秋两季为害最烈。成虫白天一般不出土，夜间活动，有假死性和趋光性。

图6.72　铜绿丽金龟的幼虫　　图6.73　铜绿丽金龟的蛹　　图6.74　铜绿丽金龟的卵

监测要点

（1）铜绿丽金龟成虫趋光性强，幼虫喜沙质土壤。当夜晚灯光下成虫明显增多时，应对周边沙质幼林地进行重点监测。

（2）当发现沙质造林地幼树不明原因整株干枯死亡，应对金龟进行调查。调查方法：用铁锹挖掘枯死树周围土壤深至20cm，用大孔筛筛土，查找金龟幼虫及成虫。

防治方法

（1）利用成虫的假死习性，振落捕杀成虫。

（2）利用成虫趋光性，在成虫高峰期利用黑光灯诱杀。

（3）幼虫为害期，使用25%毒死蜱乳油1000～1500倍液灌根处理。

⑦ 主要病害识别与防治

7.1 叶部病害

■ 7.1.1 落叶松早期落叶病

分布与危害

落叶松早期落叶病病原为日本落叶松球腔菌［*Mycodiella laricis-leptolepidis* (Kaz. Itô, K. Satô & N. Ota) Crous］，真菌，属子囊菌亚门子囊菌纲座囊菌目。性孢子器圆形、暗黑色，初埋生于寄主组织的表皮下，后突破表皮外露。性孢子无色，短杆状。有性世代形成子囊腔，圆形至近圆形，黑色，埋生于越冬病叶的表皮下，以后孔口处稍突出。子囊从子囊腔基部生出，无色透明，棍棒状或圆筒形，内含8个子囊孢子。子囊孢子无色，双胞，长椭圆形，中间隔膜处稍缢细，下端细胞较小。子囊孢子在饱和湿度下4小时就可以萌发。造成松针提前落叶，连续多年危害，可致落叶松死亡（图7.1，图7.2）。塞罕坝机械林场全域分布。

图7.1 被落叶松早期落叶病危害的落叶松（近景）

图7.2　被落叶松早期落叶病危害的落叶松（远景）

发病规律

感病植株先从树冠下部开始发生，逐渐向上蔓延，距离地面越近的枝叶发病越重。发病初期在叶尖端或中部出现2～3个黄色小斑点（图7.3），逐渐扩展为红褐色斑，后期在病斑上生黑色小点，即病菌的性孢子器。严重时全针叶变红褐色，整个树冠像火烧一样（图7.4）。到8月下旬大量落叶，比正常树木落叶时间提前40天左右。若连续几年发病，将严重影响树木生长，使植株生长衰弱，导致最后枯死。落地的病叶当年会产生比性孢子器稍大的小黑点，即病菌的子囊腔。

图7.3　侵染初期的落叶松

图7.4　被严重侵染的落叶松松针

防治方法

（1）尽量采用抗病树种，日本落叶松对该病抗性较好，同时注意营造混交林。

（2）通过适当间伐、修枝，增加林内通风、透光。

（3）采用抗菌药剂，在6月底、7月底分两次喷洒抗菌剂，防止病菌孢子侵染，能起到一定效果。

■ 7.1.2 樟子松松针叶锈病

分布与危害

樟子松松针叶锈病（图7.5）的病原菌为白头翁鞘锈菌［*Coleosporium pulsatillae* (F. Strauss) Fr.］，属担子菌门锈菌纲柄锈菌目鞘锈菌科鞘锈菌属。其转主寄主为掌叶白头翁和轮叶沙参。松针发病初期产生褪绿斑点，渐生圆形或椭圆形的性孢子器，橙黄色，多在近轴面，呈单行或双行沿松针纵向排列，性孢子器之间的距离不等。其周围有淡黄色褪绿斑。随着性孢子器的逐渐消失，松针上长出黄色疱囊，为春孢子器，春孢子成熟后，破囊散出，在松针上留下白色膜状包被，病叶常枯死早落。连年发病的苗木、幼树，轻者影响生长，重者可致枯死。塞罕坝机械林场全域分布。

图7.5　樟子松松针叶锈病

发病规律

该病害主要危害樟子松1年以上老叶（图7.6，图7.7）。受到危害后，老叶逐渐掉落，危害严重时，每个枝条形似"鸡毛掸子"。

图7.6 被侵染的樟子松　　　　　图7.7 长势正常的樟子松

防治方法

（1）加强对樟子松的检疫，及时清除感病的转主寄主植物。

（2）药物防治以75%百菌清和DT杀菌剂均有较好效果。

■ 7.1.3 樟子松叶枯病

分布与危害

　　樟子松叶枯病的病原菌为沟小散斑壳菌 [*Lophodermella sulcigena* (Link) Höhn]，隶属于子囊菌门锤舌菌纲斑痣盘菌目斑痣盘菌科小散斑壳菌属。该病在塞罕坝机械林场主要分布在干层板、北曼甸、阳河3个分场。为害15年生以下的樟子松。表现为树冠各部位受害程度基本相同，主要侵染当年新叶（图7.8，图7.9），也少量侵染2~3年生老叶。一般在叶的中上部被侵染发病。重病树木的针叶呈枯黄色，并提前落叶。

图7.8　被侵染死亡的新梢

图7.9　整株树的新梢全部被
侵染死亡

发病规律

该病初发生在4月中、下旬，先在叶的中上部形成褪绿小点，多在叶缘，小点逐渐变大，病斑中心变红褐色，从叶的两面向另一叶缘延伸，直到闭合，形成淡黄色段斑。段斑处有松脂流出，形成水渍状淡黑色环。段斑以上针叶逐渐枯黄，段斑变成灰白色，然后向下发展，直至整个针叶枯黄。大多数是一个针叶完全枯黄以后另一个针叶才开始产生褪绿小点，然后形成段斑。5月末，在段斑上产生淡黑色线纹，长短不一，排列成行，各纹逐渐隆起变长，有的互相连接起来，形成一条长的隆起，衔接处稍低。7月末，隆起纵向产生裂缝，裂缝处呈褐色，即为成熟开裂的子囊盘。8月，隆起消失，只在叶表皮上留下一条裂缝。

防治方法

药物防治以75％百菌清300倍液、65％代森锌500倍液、50%多菌灵500倍液均有较好效果。

7.2　枝干病害

■ 7.2.1　杨树溃疡病

分布与危害

杨树溃疡病由子囊菌亚门的茶藨子葡萄座腔菌 *Neofusicoccum ribis* (Slippers, Crous & M.J. Wingf.) Crous, Slippers & A.J.L. Phillips 引起，危害主干和枝梢。早春及晚秋，树皮上出现近圆形水渍状和水泡状病斑，病斑直径约1cm，严重时流出褐水，以后病斑下陷（图7.10）。病斑内部坏死范围扩大，当病斑在皮下连接包围树干时，上部即枯死（图7.11）。翌年在枯死的树皮上出现轮生或散生小黑点（子座）。该病主要分布在塞罕坝机械林场大唤起分场。

图7.10　杨树细菌性溃疡病

图7.11　被危害致死的杨树

发病规律

3月下旬开始发病，4月中旬至5月上旬为发病盛期，5月中旬后病害逐渐缓慢，至6月初基本停止，10月病害又有发展。据观察，病菌在12月上旬侵入寄主，并潜伏于寄主体内，在寄主生理失调时表现出症状。杨树皮相对膨胀度大于80%时不易感染溃疡病，小于80%时易感染溃疡病，当相对膨胀度小于70%时则极易感病。该菌的生长温度为13～38℃，在pH为3.5～9时均能生长，其中，以pH为6时生长发育良好。观察表明，在起苗、运输、栽植等生产过程中，创伤苗木利于病害发生。

防治方法

（1）采用健康树苗，防止树干创伤，降低病菌侵入概率。

（2）药物防治以秋防为主，与春、秋防治相结合。40%福美砷50倍液、50%退菌特100倍液、70%甲基托布津100倍液、50%多菌灵200倍液及30石硫合剂、10倍碱液等均有较好效果。

■ 7.2.2　落叶松枯梢病

分布与危害

落叶松枯梢病病原为落叶松球座菌［*Botryosphaeria laricna* (Sawada) Shang，异名 *Guignardia laricina* (Sawada) Yamamoto et K. Ito］，隶属于腔菌纲、座囊菌目、座囊菌科、球座菌属（图7.12）。秋末及翌年春季，在发病枝梢上，尤

图7.12　落叶松枯梢病

以流脂附近的皮层处排列着近梭形、乳头状隆起，后期突破表皮的黑色小粒点，即病原菌的子囊座；子囊座为子囊壳状，单腔，瓶形或梨形，黑褐色，单生或2～5个并列在表皮下，成熟后黑色的假孔口外露。子囊成束地着生在子囊腔的基部；子囊无色，双层膜，棍棒形，有短柄。顶端较厚，半圆形，在显微镜下可以看到一个孔口。子囊内含8个子囊孢子，不整齐的2行排列。连续危害可造成树木多头或死亡。曾经在塞罕坝机械林场第三乡分场零星分布。

发病规律

落叶松枯梢病从幼苗、幼树到成林的当年新梢都能发病，但幼树发病较重。一般先从主梢发病，然后由树冠上部向下蔓延。病后新梢渐渐褪色，顶部弯曲下垂呈勾状，从弯曲部分逐渐向下落叶、干枯，茎收缩变细，仅在顶部残留一簇叶子，且萎枯呈紫灰色。发病较重的，新梢已木质化，病枝不弯曲下垂，病部针叶脱落。翌年春季，由侧芽生小枝代替原来主梢，连年发病。受害严重者，树冠出现五花头和扫帚状枝丛，高生长停止，形成小老树或全株枯死。在枝梢受害部位，多数有松脂溢出，凝成块状。

防治方法

（1）采取营林措施预防：培育和营造如日本落叶松及其杂交种的抗病树种，营造落叶松与阔叶树种或其他针叶树种的混交林。科学管理，通过定株、修枝，提高林内通风、透光，增强树势。

（2）苗圃预防：用放线菌酮剂3ppm或再加上有机锡剂（TPTA）150ppm混合液（每10L药剂加6mL展着剂），喷射150～200mL/m^2。6月下旬至9月中旬喷雾。每隔10～14天1次，共6～9次。苗木发病可喷75%的百菌清1000倍液。

（3）苗木消毒：造林前发现病菌及时烧毁，在未放叶前，将苗木的地上部浸泡在有机汞剂EMP100ppm药液中10分钟。取出后用塑料薄膜覆盖3小时，可杀死苗木隐藏的病原菌。

（4）药剂防治：6月下旬至7月上旬在已发病的幼、中龄林区，用50%托布津可湿性粉剂1000倍液、65%代森锌可湿粉剂400倍液或40%福美砷800倍液等喷雾2次，可收到一定效果。或用克菌丹、五氯酚钠或百菌清烟剂防治。也可用10%百菌清油剂或落枯净油剂进行超低容量喷雾，每亩用量250g，防治效果比较明显。

7.3 苗木病害

■ 7.3.1 立枯病

分布与危害

立枯病主要由立枯丝核菌（*Rhizoctonia solani* J.G. Kühn）引起，又称猝倒病（图7.13）。该病主要危害实生苗茎基部或幼根。幼苗出土后，茎基部变褐，呈水渍状，病部缢缩萎蔫死亡但不倒状。幼根腐烂，病部淡褐色，具白色棉絮状或蛛丝状菌丝层，即病菌的菌丝体或菌核。塞罕坝机械林场各个苗圃均有发生。

图7.13 立枯病

发病规律

表现为3种类型，一是种子或尚没出土的幼芽，被病菌侵染后，于土中腐烂，称腐烂型；二是出土幼苗尚未木质化前，在幼茎基部成水渍状病斑，逐渐变为淡褐色至褐色，并凹陷溢缩腐烂，病害发展迅速，在子叶尚未凋萎之前，幼叶依然保持绿色，幼苗倒伏，称猝倒型；三是幼茎木质化后，造成根部或根茎部皮层腐烂，幼苗逐渐枯死，但不倒伏，称为立枯型。

防治方法

（1）选好圃地：推广山地育苗，因为新垦山地土壤中病菌少，苗木很少生病；或选择排水良好，利于轮作的圃地；前期作物是易感病植物的，不宜作圃地。

（2）土壤消毒：因猝倒病菌主要来源于土壤，播种前土壤的消毒可以抑制和杀死病菌。

（3）合理施肥：以腐熟的农家基肥为主，适时追肥。

（4）药剂防治：五氯硝基苯、代森锌、敌克松等混合使用，75%五氯硝基苯4～6g/m^2。黑矾2%～3%水溶液9L/m^2。

（5）发病后：对于苗木立枯，主要是及时松土，使苗木根系生长发育良好，增强苗木抗病性。发病后可用65%敌克松，4g/m^2，与细黄心土拌匀后，撒于苗木颈部，再松土一次，使药剂与苗木根部接触，可抑制病害扩展。或用70%敌克松500倍喷雾后，无论何种药剂，都要用清水喷洗。如有茎叶腐烂则可用（配比1：1：120～170）波尔多液，10～15天一次喷施。

⑧ 主要鼠害

8.1 棕背䶄

分布与危害

　　棕背䶄［*Clethrionomys rufocanus* (Sundevall)］，属啮齿目仓鼠科田鼠亚科䶄属。别名红毛耗子、山耗子、山鼠。在塞罕坝主要为害2年生以上的云杉、落叶松、樟子松幼树，造成韧皮部环剥枯死，严重影响林场迹地造林质量，减缓迹地更新速度（图8.1～图8.3）。塞罕坝机械林场全域分布。

图8.1　被棕背䶄危害的落叶松

图8.2　被棕背䶄危害的樟子松

图8.3　被危害的云杉

形态特征

棕背䶄的体型较粗胖，体长约100mm。耳较大，且大部分隐于毛中。四肢短小，毛长而蓬松。后足长18～20mm，跖下被毛，足垫6个。尾约为体长的1/3，尾毛较短，与红背䶄的粗尾相比明显纤细（图8.4）。

图8.4　棕背䶄

生活习性

棕背䶄夜间活动频繁，白天偶见，不冬眠。居住在林内的枯枝落叶层中，有时利用腐烂的树干洞作巢，在树根处或倒木旁经常能发现其洞口。冬季在雪层下进行活动，在雪面上有洞口，雪层中有纵横交错的洞道。

监测要点

（1）积雪较大的年份，由于一般可取食植物被雪覆盖，转而危害林木。

（2）平时注意观察鼠类粪便（图8.5）。

（3）重点加强攻坚造林鼠害监测工作。

（4）夹日法是鼠害监测的最准确方法。

图8.5　危害后留下大量粪便

防治方法

（1）保护天敌鹰类、蛇类及狐狸，可有效控制害鼠密度。

（2）采用布设鼠铗、捕鼠井、诱鼠笼等物理除治。

（3）使用拒避剂涂干保护幼树。

（4）林地内隐蔽投放不孕不育（剂莪术醇）或饵剂诱杀，每亩施药量120～180g。

8.2　草原鼢鼠

分布与危害

草原鼢鼠［*Myospalax aspalax* (Pallas)］，属啮齿目鼹形鼠科鼢鼠亚科。别名地羊、瞎老鼠、地排子。体形粗壮，耐寒，生长繁殖迅速。在塞罕坝机械林场全域均有分布。主要危害云杉、樟子松、落叶松根部，被破坏后造成幼树整株倒伏死亡（图8.6）。

图8.6　根系被草原鼢鼠全部取食

形态特征

草原鼢鼠外形与东北鼢鼠相似，但尾较长，其上被白色短毛。前爪粗大，第三趾上的爪长10～20cm。眼小，耳隐于被毛下（图8.7）。

图8.7　草原鼢鼠

草原鼢鼠成兽毛色较淡，一般为银灰色略带淡赭色，上下唇均为白色。头顶，背部与体侧的毛色相似，毛干灰色，毛尖赭色。腹面毛干灰色，先尖污白色，尾及后足背方均被白色短毛。幼兽毛色较深，颈、背部为棕黄色。

生活习性

草原鼢鼠营地下生活，极少到地面活动。不冬眠。居住地较固定，活动范围也很局限。只有在大旱或降雨过多的特殊年份，才会出现由高处向低处或由低处向高处迁移的习性，迁巢距离一般不超过1000m。草原鼢鼠全天活动，夜间比较活跃；5月和9月为活动高峰期。草原鼢鼠的感觉非常灵敏，能在地下感知地面轻微的动静，并迅速逃离活动地点，当地面沉寂安静后，才再次恢复活动。秋季觅食产生的土堆大多呈无序排列，土堆的数量及位置大多都与喜食植物的分布有关。草原鼢鼠有怕风畏光、堵塞开放洞道的习性，当洞穴被打开时，它会很快推土封洞。

草原鼢鼠的洞穴较复杂，洞系由洞道、巢室、仓库、厕所，以及废弃堵塞的盲端组成。地表无洞口，洞道距地面一般10～15cm，洞道较长。越冬洞巢室距地表较深，一般在1～2m处，最深可达2.5m以上。洞内有仓库多个，巢室1～3个。

监测要点

（1）该鼠打洞时，每隔一段即将洞内挖出的余土堆成小土丘（图8.8），根据这一特点进行调查监测。

图8.8　草原鼢鼠推出的成片小土丘

（2）该鼠喜沙质林地，如发现幼树"风倒"情况较多（图8.9），应加强调查监测。

图8.9　被危害倒伏的幼树

防治方法

（1）采用下地箭、鼢鼠活捕器等人工捕捉方式效果明显。

（2）挖开新土洞，每洞投放CO烟炮1～2支，或用大葱拌鼠药饵剂诱杀。

参考文献

毕华明, 丁晓松, 闫晓林, 等. 2006. 塞罕坝地区落叶松线小卷蛾、松线小卷蛾的识别与发生规律[J]. 河北林果研究, 21(3): 316–317, 322.

彩万志, 庞雄飞, 花保祯, 等. 2011. 普通昆虫学（第二版）[M]. 北京: 中国农业大学出版社.

曹慧永, 张家燕, 胡建涛. 2013. 落叶松落叶病和枯梢病的发生与防治[J]. 现代农村科技, 18: 22.

车宝安. 2017. 草原鼢鼠生物学特性初步观察[J]. 内蒙古科技与经济, 389(19): 96–97.

陈一凡, 谢可欣, 樊雪琦, 等. 2024. 杨树溃疡病拮抗菌防治机制研究进展[J]. 中国农业气象, 45(2): 170–177.

付立华, 于士涛, 程顺, 等. 2019. 河北省塞罕坝机械林场森林生态系统服务价值评价[J]. 林业与生态科学, 34(4): 386–392.

高国平, 葛芳, 王丽丽, 等. 2009. 辽东地区赤松落针病病原真菌的分类鉴定[J]. 中国森林病虫(1): 18–21.

郭春丽, 赵新海. 2020. 四霉素对茶藨子葡萄座腔菌 *Botryosphaeria ribis* 室内毒力测定及其田间防效试验[J]. 微生物学杂志, 40(3): 93–97.

国家林业和草原局森林和草原病虫害防治总站. 2019. 中国林业有害生物2014—2017年全国林业有害生物普查成果[M]. 北京: 中国林业出版社.

洪军, 贠旭疆, 林峻, 等. 2014. 我国天然草原鼠害分析及其防控[J]. 中国草地学报, 36(3): 1–4.

侯建华, 赵恒刚, 毕华明, 等. 2007. 森林害鼠预测预报与防治技术规程: DB13/T 886–2007[S]. 石家庄: 河北省质量技术监督局.

纪羽, 袁帅, 付和平, 等. 2019. 草原鼢鼠土丘与不同根系类型植物的关系 [J]. 兽类学报, 39(2): 162–171.

李岚, 侯扶江. 2016. 我国草原生产的主要自然灾害 [J]. 草业科学, 33(5): 981–988.

李彤, 刘培琦, 姜岚. 1991. 棕背(鼠平)、红背(鼠平)栖息地选择的研究 [J]. 兽类学报, 11(1): 73–74.

刘广营, 于泊, 赵国华, 等. 2015. 冀北山地棕背平鼠综合防治经济效益分析 [J]. 北京农业 (22): 119–120.

刘书文, 王帆, 阎淑芳. 1987. 黄点枯针病的初步研究 [J]. 林业科技 (4): 31–32.

刘铁志, 尚衍重, 侯振世. 2006. 内蒙古赤峰地区的锈菌 Ⅱ. 鞘锈菌属等 8 属 [J]. 菌物研究, 4(1): 49–52.

刘秀薇. 2009. 落叶松枯梢病的生物防治与分子检测初步研究 [D]. 哈尔滨: 东北林业大学.

刘秀薇, 刘雪峰, 王鹏, 等. 2012. 利用三种梢栖真菌生物防治落叶松枯梢病的研究 [J]. 林业科学研究, 25(6): 685–690.

刘秀薇, 王峰, 刘雪峰. 2009. 落叶松枯梢病分子检测初步研究 [J]. 植物检疫, 23(2): 1–4.

卢颖超. 2016. 落叶松主要病害及其防治技术研究进展 [J]. 农业与技术, 36(8): 190.

马健. 2012. 杨树 (*Populus* spp.) 与茶藨子葡萄座腔菌 (*Botryosphaeria dothidea*) 互作中 SA 和 H_2O_2 的信号转导特征 [D]. 北京: 中国林业科学研究院.

潘学仁, 随超, 田洒千, 等. 1993. 樟子松松针锈病菌—鞘锈菌的种及专化型 [J]. 植物研究, 13(3): 294–301.

潘学仁, 薛煜. 1991. 中国松针锈病病原菌——鞘锈菌研究现状及问题 [J]. 东北林业大学学报, 19(5): 84–94.

祁金玉, 高国平, 王一, 等. 2014. 两种木霉生防菌对松落针病病原菌抑制作用研究 [J]. 中国森林病虫, 33(1): 14–16.

任国栋, 国志锋, 陈志卿. 2023. 河北塞罕坝昆虫 [M]. 北京: 电子工业出版社.

商正昊妮, 满都呼, 袁帅. 2022. 东北鼢鼠与草原鼢鼠头骨特征及差异 [J]. 草业科学, 39(8): 1643–1652.

尚衍重. 1987. 落叶松枯梢病菌分类地位的探讨 [J]. 真菌学报, 6(4): 248–249.

田稔. 2023–11–18. 塞罕坝：谱写"荒原变林海"的绿色奇迹 [N]. 中国民族报.

吐尔巴依·达吾来提汗, 王念平, 牛景军. 2007. 杨树溃疡病发生的原因及防治措施 [J]. 现代农业科技 (16): 95.

汪志红, 姜海燕. 2000. 落叶松枯梢病预测预报方法 [J]. 辽宁林业科技 (2): 22, 24.

王东升, 孙礼, 何平勋, 等. 1996. 落叶松落叶病的生态控制技术研究 [J]. 林业科学研究, 9(3): 305–310.

王永民, 刘国荣, 王世君, 等. 1992. 落叶松枯梢病检疫技术的研究 [J]. 林业科学研究, 5(6): 652–658.

王志明, 刘国荣, 王永民, 等. 1999. 落叶松枯梢病防治指标和为害指标的研究 [J]. 吉林林业科技, 142(5): 1–3, 8.

王自强. 2018. 围场县坝上地区草原鼢鼠危害情况调查及防治方法 [J]. 中国畜牧兽医文摘, 34(4): 15.

吴翠萍, 李彬, 粟寒, 等. 2011. 落叶松枯梢病菌检疫鉴定方法 [S]. 国家标准, GB/T 28092–2011.

向立刚, 蔡刘体, 李文红, 等. 2023. 烟草苗期立枯病病原菌 Rhizoctonia solani AG–1 IB 全基因组序列资源 [J]. 植物病理学报, 53(6): 22, 24.

萧刚柔, 李镇宇主编. 2021. 中国森林昆虫（第三版）[M]. 北京: 中国林业出版社.

萧刚柔. 2002. 中国扁叶蜂 [M]. 北京: 中国林业出版社.

徐满, 郭延朋, 巩建新, 等. 2022. 木兰林区草原鼢鼠综合防治措施实践与探析 [J]. 农业与技术, 42(21): 61–64.

游崇娟. 2012. 中国鞘锈菌的分类学和分子系统发育研究 [D]. 北京: 北京林业大学.

张彩军, 王小燕, 姚宝辉, 等. 2021. 甘南草原3种啮齿动物的食性及其营养生态位特征[J]. 草地学报, 29(7): 1480-1490.

张崇颖, 王志明, 王晓林, 等. 2013. 10%苯醚甲环唑对落叶松落叶病的防治效果[J]. 吉林林业科技, 42(4): 36-38.

张广臣, 楚立明, 于文喜, 等. 1999. 落叶松枯梢病发生规律及防治技术[J]. 森林病虫通讯 (1): 9-10, 21.

张鹏, 姚圣忠, 赵秀英, 等. 2010. 张家口坝上地区草原鼢鼠危害及防控研究[J]. 河北林业科技 (2): 35, 40.

张星耀, 赵嘉平, 梁军, 等. 2006. 树木溃疡病菌主要类群系统地位及茶藨子葡萄座腔菌的种内一致性[J]. 林业科学, 42(11): 63-68.

张秀芸, 伍文慧, 梁英梅. 2024. 落叶松枯梢病在中国的适生性[J]. 生态学报, 44(7): 3027-3037.

赵存玉. 2010. 东北地区林木害鼠棕背䶄综合防治技术[J]. 林业实用技术 (9): 41-42.

赵经周, 于文喜, 王乃玉. 1995. 落叶松枯梢病国内外研究的现状[J]. 林业科技, 20(5): 23-25.

赵丽群, 刘仁华. 2004. 棕背䶄的生态习性及综合防治技术[J]. 安徽农学通报, 28(3): 25-27.

周景清, 张丽茹, 周长虹. 2008. 木兰林管局棕背䶄鼠害的调查测报规范及其防治技术[J]. 安徽农学通报, 14(14): 56-57.

附　录

附录Ⅰ　国家明令禁止使用的高毒农药品种清单

一、国家明令禁止使用的农药（23种）

六六六，滴滴涕，毒杀芬，二溴氯丙烷，杀虫脒（别名：氯苯脒、沙螨脒、5701、克死螨），二溴乙烷，除草醚，艾氏剂（别名：化合物118），狄氏剂、（别名：氧桥氯甲桥萘、化合物497），汞制剂，砷、铅类，敌枯双，氟乙酰胺，甘氟，毒鼠强，氟乙酸钠，毒鼠硅（别名：氯硅宁、硅灭鼠），甲胺磷（别名：沙螨隆、多灭磷、多灭灵、克螨隆、脱麦隆），甲基对硫磷（别名：甲基1605），对硫磷（别名：1605、乙基对硫磷、一扫光），久效磷（别名：3D-9129），磷胺（别名：杀灭虫）。

二、在蔬菜、果树、茶叶、中草药材上不得使用和限制使用的农药（21种）

禁止毒死蜱和三唑磷在蔬菜上使用；禁止氧乐果在甘蓝上使用；禁止三氯杀螨醇和氰戊菊酯在茶树上使用；禁止丁酰肼（比久）在花生上使用；禁止特丁硫磷在甘蔗上使用；禁止甲拌磷，甲基异柳磷，特丁硫磷，甲基硫环磷，治螟磷，内吸磷，克百威，涕灭威，灭线磷，硫环磷，蝇毒磷，地虫硫磷，氯唑磷，苯线磷在蔬菜、果树、茶叶、中草药材上使用。

附录Ⅱ 森林病虫害防治条例

（1989年11月17日国务院第50次常务会议通过 1989年12月18日中华人民共和国国务院令第46号公布 自公布之日起施行）

第一章 总 则

第一条 为有效防治森林病虫害，保护森林资源，促进林业发展，维护自然生态平衡，根据《中华人民共和国森林法》有关规定，制定本条例。

第二条 本条例所称森林病虫害防治，是指对森林、林木、林木种苗及木材、竹材的病害和虫害的预防和除治。

第三条 森林病虫害防治实行"预防为主，综合治理"的方针。

第四条 森林病虫害防治实行"谁经营，谁防治"的责任制度。地方各级人民政府应当制定措施和制度，加强对森林病虫害防治工作的领导。

第五条 国务院林业主管部门主管全国森林病虫害防治工作。

县级以上地方各级人民政府林业主管部门主管本行政区域内的森林病虫害防治工作，其所属的森林病虫害防治机构负责森林病虫害防治的具体组织工作。

区、乡林业工作站负责组织本区、乡的森林病虫害防治工作。

第六条 国家鼓励和支持森林病虫害防治科学研究，推广和应用先进技术，提高科学防治水平。

第二章 森林病虫害的预防

第七条 森林经营单位和个人在森林的经营活动中应当遵守下列规定：

（一）植树造林应当适地适树，提倡营造混交林，合理搭配树种，依照国家规定选用林木良种；造林设计方案必须有森林病虫害防治措施；

（二）禁止使用带有危险性病虫害的林木种苗进行育苗或者造林；

（三）对幼龄林和中龄林应当及时进行抚育管理，清除已经感染病虫害的林木；

（四）有计划地实行封山育林，改变纯林生态环境；

（五）及时清理火烧迹地，伐除受害严重的过火林木；

（六）采伐后的林木应当及时运出伐区并清理现场。

第八条　各级人民政府林业主管部门应当有计划地组织建立无检疫对象的林木种苗基地。各级森林病虫害防治机构应当依法对林木种苗和木材、竹材进行产地和调运检疫；发现新传入的危险性病虫害，应当及时采取严密封锁、扑灭措施，不得将危险性病虫害传出。

各口岸动植物检疫机构，应当按照国家有关进出境动植物检疫的法律规定，加强进境林木种苗和木材、竹材的检疫工作，防止境外森林病虫害传入。

第九条　各级人民政府林业主管部门应当组织和监督森林经营单位和个人，采取有效措施，保护好林内各种有益生物，并有计划地进行繁殖和培养，发挥生物防治作用。

第十条　国务院林业主管部门和省、自治区、直辖市人民政府林业主管部门的森林病虫害防治机构，应当综合分析各地测报数据，定期分别发布全国和本行政区域的森林病虫害中、长期趋势预报，并提出防治方案。

县、市、自治州人民政府林业主管部门或者其所属的森林病虫害防治机构，应当综合分析基层单位测报数据，发布当地森林病虫害短、中期预报，并提出防治方案。

全民所有的森林和林木，由国营林业局、国营林场或者其他经营单位组织森林病虫害情况调查。

集体和个人所有的森林和林木，由区、乡林业工作站或者县森林病虫害防治机构组织森林病虫害情况调查。

各调查单位应当按照规定向上一级林业主管部门或者其森林病虫害防治机构报告森林病虫害的调查情况。

第十一条　国务院林业主管部门负责制定主要森林病虫害的测报对象及测报办法；省、自治区、直辖市人民政府林业主管部门可以根据本行政区域的情况作出补充规定，并报国务院林业主管部门备案。

国务院林业主管部门和省、自治区、直辖市人民政府林业主管部门的森林病虫害防治机构可以在不同地区根据实际需要建立中心测报点，对测报对象进行调查与监测。

第十二条　地方各级人民政府林业主管部门应当对经常发生森林病虫害的地区，实施以营林措施为主，生物、化学和物理防治相结合的综合治理措施，逐步改变森林生态环境，提高森林抗御自然灾害的能力。

第十三条　各级人民政府林业主管部门可以根据森林病虫害防治的实际需要，建设下列设施：

（一）药剂、器械及其储备仓库；

（二）临时简易机场；

（三）测报试验室、检疫检验室、检疫隔离试种苗圃；

（四）林木种苗及木材熏蒸除害设施。

第三章　森林病虫害的除治

第十四条　发现严重森林病虫害的单位和个人，应当及时向当地人民政府或者林业主管部门报告。

当地人民政府或者林业主管部门接到报告后，应当及时组织除治，同时报告所在省、自治区、直辖市人民政府林业主管部门。

发生大面积暴发性或者危险性森林病虫害时，省、自治区、直辖市人民政府林业主管部门应当及时报告国务院林业主管部门。

第十五条　发生暴发性或者危险性的森林病虫害时，当地人民政府应当根据实际需要，组织有关部门建立森林病虫害防治临时指挥机构，负责制定紧急除治措施，协调解决工作中的重大问题。

第十六条　县级以上地方人民政府或者其林业主管部门应当制定除治森林病虫害的实施计划，并组织好交界地区的联防联治，对除治情况定期检查。

第十七条　施药必须遵守有关规定，防止环境污染，保证人畜安全，减少杀伤有益生物。

使用航空器施药时，当地人民政府林业主管部门应当事先进行调查设计，做好地面准备工作；林业、民航、气象部门应当密切配合，保证作业质量。

第十八条　发生严重森林病虫害时，所需的防治药剂、器械、油料等，商业、供销、物资、石油化工等部门应当优先供应，铁路、交通、民航部门应当优先承运，民航部门应当优先安排航空器施药。

第十九条　森林病虫害防治费用，全民所有的森林和林木，依照国家有关规定，分别从育林基金。木竹销售收入、多种经营收入和事业费中解决；集体和个人所有的森林和林木，由经营者负担，地方各级人民政府可以给予适当扶持。

对暂时没有经济收入的森林、林木和长期没有经济收入的防护林、水源林、特种用途林的森林经营单位和个人，其所需的森林病虫害防治费用由地方各级人民政府给予适当扶持。

发生大面积暴发性或者危险性病虫害，森林经营单位或者个人确实无力负担全部防治费用的，各级人民政府应当给予补助。

第二十条　国家在重点林区逐步实行森林病虫害保险制度，具体办法由中国人民保险公司会同国务院林业主管部门制定。第四章 奖励和惩罚

第二十一条　有下列成绩之一的单位和个人，由人民政府或者林业主管部门给予奖励：

（一）严格执行森林病虫害防治法规，预防和除治措施得力，在本地区或者经营区域内，连续五年没有发生森林病虫害的；

（二）预报病情、虫情及时准确，并提出防治森林病虫害的合理化建议，被有关部门采纳，获得显著效益的；

（三）在森林病虫害防治科学研究中取得成果或者在应用推广科研成果中获得重大效益的；

（四）在林业基层单位连续从事森林病虫害防治工作满十年，工作成绩较好的；

（五）在森林病虫害防治工作中有其他显著成绩的。

第二十二条　有下列行为之一的，责令限期除治、赔偿损失，可以并处一百元至二千元的罚款：

（一）用带有危险性病虫害的林木种苗进行育苗或者造林的；

（二）发生森林病虫害不除治或者除治不力，造成森林病虫害蔓延成灾的；

（三）隐瞒或者虚报森林病虫害情况，造成森林病虫害蔓延成灾的。

第二十三条　违反植物检疫法规调运林木种苗或者木材的，除依照植物检疫法规处罚外，并可处五十元至二千元的罚款。

第二十四条　有本条例第二十二条、第二十三条规定行为的责任人员或者在森林病虫害防治工作中有失职行为的国家工作人员，由其所在单位或者上级机关给予行政处分；构成犯罪的，由司法机关依法追究刑事责任。

第二十五条　被责令限期除治森林病虫害者不除治的，林业主管部门或者其授权的单位可以代为除治，由被责令限期除治者承担全部防治费用。代为除治森林病虫害的工作，不因被责令限期除治者申请复议或者起诉而停止执行。

第二十六条　本条例规定的行政处罚，由县级以上人民政府林业主管部门或其授权的单位决定。当事人对行政处罚决定不服的，可以在接到处罚通知之日起十五日内向作出处罚决定机关的上一级机关申请复议；对复议决定不服的，可以在接到复议决定书之日起十五日内向人民法院起诉。

当事人也可以在接到处罚通知之日起十五日内直接向人民法院起诉。期满不申请复议或者不起诉又不履行处罚决定的，由作出处罚决定的机关申请人民法院强制执行。

第五章　附　则

第二十七条　本条例由国务院林业主管部门负责解释。

第二十八条　省、自治区、直辖市人民政府可以根据本条例结合本地实际情况，制定实施办法。

第二十九条　城市园林管理部门管理的森林和林木，其病虫害防治工作由城市园林管理部门参照本条例执行。

第三十条　本条例自发布之日起施行。

附录Ⅲ   国务院办公厅关于进一步加强林业有害生物防治工作的意见

国办发〔2014〕26号

各省、自治区、直辖市人民政府，国务院各部委、各直属机构：

近年来，我国林业有害生物灾害多发频发，对林业健康可持续发展和生态文明建设等构成严重威胁。为进一步加强林业有害生物防治工作，经国务院同意，现提出以下意见：

一、总体要求

（一）指导思想。以邓小平理论、"三个代表"重要思想、科学发展观为指导，认真学习领会党的十八大和十八届二中、三中全会精神，贯彻落实党中央、国务院的决策部署，以减轻林业有害生物灾害损失、促进现代林业发展为目标，政府主导，部门协作，社会参与，加强能力建设，健全管理体系，完善政策法规，突出科学防治，提高公众防范意识，为实现绿色增长和建设美丽中国提供重要保障。

（二）工作目标。到2020年，林业有害生物监测预警、检疫御灾、防治减灾体系全面建成，防治检疫队伍建设得到全面加强，生物入侵防范能力得到显著提升，林业有害生物危害得到有效控制，主要林业有害生物成灾率控制在4‰以下，无公害防治率达到85%以上，测报准确率达到90%以上，种苗产地检疫率达到100%。

二、主要任务

（三）强化灾害预防措施。林业主管部门要加强对林业有害生物防治的技术指导、生产服务和监督管理，组织编制林业有害生物防治发展规划。完善监测预警机制，科学布局监测站（点），不断拓展监测网络平台，每5年组织开展一次普查。重点加强对自然保护区、重点生态区有害生物的监测预警、灾情评估。切实提高灾害监测和预测预报准确性，及时发布预报预警信息，科学确定林业检疫性和危害性有害生物名单，实行国家和地方分级管理。强化抗性种苗培育、森林经营、生物调控等治本措施的运用，并优先安排有害生物危害林木采伐指标和更新改造任务。切实加强有害生物传播扩散源头管理，抓好产地检疫和监管，重点做好种苗产地检疫，推进应施检疫的林业植物及其产品全过程追溯监管平台建设。进一步优化检疫审批程序，强化事中和事后监管，严格风险评估、产地检疫、隔离除害、种植地监管等制度，注重发挥市场机制和行业协会的作用，促进林业经营者自律和规范经营。

（四）提高应急防治能力。各地区要结合防治工作实际，进一步完善突发林业有害生物灾害应急预案，加快建立科学高效的应急工作机制，制订严密规范的应急防治流程。充分利用物联网、卫星导航定位等信息化手段，建设应急防治指挥系统，组建专群结合的应急防治队伍，加强必要的应急防治设备、药剂储备。定期开展防治技能培训和应急演练，提高应急响应和处置能力。加大低毒低残留农药防治、生物农药防治等无公害防治技术以及航空作业防治、地面远程施药等先进技术手段的推广运用，提升有害生物灾害应急处置水平。

（五）推进社会化防治。从事森林、林木经营的单位和个人要积极开展有害生物防治。各地区、各有关部门要进一步加快职能转变，创新防治体制机制，通过政策引导、部门组织、市场拉动等途径，扶持和发展多形式、多层次、跨行业的社会化防治组织。鼓励林区农民建立防治互助联合体，支持开展专业化统防统治和区域化防治，引导实施无公害防治。开展政府向社会化防治组织购买疫情除治、监测调查等服务的试点工作。做好对社会化防治的指导，积极提供优质的技术服务和积极的政策支持。加强对社会化防治组织和从业人员的管理与培训，完善防治作业设计、防治质量与成效的评定方法与标准。支持防治行业协会、中介机构的发展，充分发挥其技术咨询、信息服务、行业自律的作用。

三、保障措施

（六）拓宽资金投入渠道。地方人民政府要将林业有害生物普查、监测预报、植物检疫、疫情除治和防治基础设施建设等资金纳入财政预算，加大资金投入。中央财政要继续加大支持力度，重点支持松材线虫病、美国白蛾等重大林业有害生物以及林业鼠（兔）害、有害植物防治。有关部门要严格防治资金管理，强化资金绩效评价，确保防治效益和资金安全。积极引导林木所有者和经营者投资投劳开展防治。进一步推进森林保险工作，提高防范、控制和分散风险的能力。风景名胜区、森林公园等的经营者要根据国家有关规定，从经营收入中提取一定比例的资金用于林业有害生物防治。

（七）落实相关扶持政策。进一步落实相关扶持政策，将林业有害生物灾害防治纳入国家防灾减灾体系，将防治需要的相关机具列入农机补贴范围。支持通用航空企业拓展航空防治作业，在全国范围内合理布局航空汽油储运供应点。按照国家有关规定落实防治作业人员接触有毒有害物质的岗位津贴和相关福利待遇。探索建立政府购买防治服务机制，支持符合条件的社会化防治组织和个人申请林业贴息贷款、小额担保贷款，落实相关税收支持政策，引导各类社会主体参与防治工作。

（八）完善防治法规制度。研究完善林业有害生物防治、植物检疫方面的法律法规，制定和完善符合国际惯例和国内实际的防治作业设计、限期除治、防治成效检查考核等管理办法。抓紧制（修）订防治检疫技术、林用农药使用、防治装备等标准。各地区要积极推动地方防治检疫条例、办法的制（修）订，研究完善具体管理办法。各地区、各有关部门要依法履行防治工作职能，加大执法力度，依法打击和惩处违法违规行为。国务院林业主管部门要制定和完善检查考核办法，对防治工作中成绩显著的单位和个人，按照国家有关规定给予表彰和奖励；对工作不到位造成重大经济和生态损失的，依法追究相关人员责任。

（九）增强科技支撑能力。国家和地方相关科技计划（基金、专项），要加大对林业有害生物防治领域科学研究的支持力度，重点支持成灾机理、抗性树种培育、营造林控制技术、生态修复技术、外来有害生物入侵防控技术、快速检验检测技术、空中和地面相结合的立体监测技术等基础性、前沿性和实用性技术研究。注重低毒低残留农药、生物农药、高效防治器械及其运用技术的开发和研究。加快以企业为主体、产学研协同开展防治技术创新和推广工作，大力开展防治减灾教育宣传和科普工作。加强与有关国家、国际组织的交流合作，密切跟踪发展趋势，学习借鉴国际先进技术和管理经验。

（十）加强人才队伍建设。各地区要根据本地林业有害生物防治工作需要，加强防治检疫组织建设，合理配备人员力量，特别是要加强防治专业技术人员的配备。加强防治队伍的业务和作风建设，强化培训教育，提高人员素质、业务水平和依法行政能力。支持高等学校、中职学校、科研院所的森林保护、植物保护等相关专业学科建设，积极引进和培养高层次、高素质的专业人才。

四、加强组织领导

（十一）全面落实防治责任。林业有害生物防治实行"谁经营、谁防治"的责任制度，林业经营主体要做好其所属或经营森林、林木的有害生物预防和治理工作。地方各级人民政府要加强组织领导，充分调动各方面积极性，将防治基础设施建设纳入林业和生态建设发展总体规划，重点加强航空和地面防治设施设备、区域性应急防控指挥系统、基层监测站（点）等建设。进一步健全重大林业有害生物防治目标责任制，将林业有害生物成灾率、重大林业有害生物防治目标完成情况列入政府考核评价指标体系。在发生暴发性或危险性林业有害生物危害时，实行地方人民政府行政领导负责制，根据实际需要建立健全临时指挥机构，制定紧急除治措施，协调解决重大问题。

（十二）加强部门协作配合。各有关部门要切实加强沟通协作，各负其责、依法履职。农业、林业、水利、住房城乡建设、环保等部门要加强所辖领域的林业有害生物防治工作。交通运输部门要加强对运输、邮寄林业植物及其产品的管理，对未依法取得植物检疫证书的，应禁止运输、邮寄。民航部门要加强对从事航空防治作业企业的资质管理，规范市场秩序、确保作业安全。工业和信息化、住房城乡建设等有关部门要把好涉木产品采购关，要求供货商依法提供植物检疫证书。出入境检验检疫部门要加强和完善外来有害生物防控体系建设，强化境外重大植物疫情风险管理，严防外来有害生物传入。农业、质检、林业、环保部门要按照职责分工和"谁审批、谁负责"的原则，严格植物检疫审批和监管工作，建立疫情信息沟通机制，协同做好《国际植物保护公约》、《生物多样性公约》履约工作。

（十三）健全联防联治机制。相邻省（区、市）间要加强协作配合，建立林业有害生物联防联治机制，健全值班值守、疫情信息通报和定期会商制度，并严格按照国家统一的技术要求联合开展防治作业和检查验收工作。根据有关规定，进一步加强疫区和疫木管理，做好疫区认定、划定、发布和撤销工作，及时根除疫情。国务院林业主管部门要加强对跨省（区、市）林业有害生物联防联治的组织协调，确保工作成效

国务院办公厅

2014年5月26日

（此件公开发布）

附录Ⅳ   河北省人民政府办公厅关于切实加强林业有害生物防治工作的通知

（办字【2014】62号）

各设区市人民政府，各县（市、区）人民政府，省政府有关部门：

为贯彻落实《国务院办公厅关于进一步加强林业有害生物防治工作的意见》（国办发〔2014〕26号）精神，遏制林业有害生物灾害多发频发势头，促进林业健康可持续发展，维护生态安全，特作如下通知：

一、推进防治工作向主动御灾转变

（一）完善监测预警体系。各级政府要积极支持林业有害生物测报站（点）建设，建立健全专、兼职测报员体系，力争到2020年，每个行政村至少有1名兼职测报员。发挥基层林业站、乡村护林员和村级森防员的作用，设立林业有害生物灾情公众报告平台，建立有奖举报机制，鼓励公众参与林业有害生物监测和举报。

（二）加强监测预报。突出抓好环京津周边、重点生态林区、主要绿色通道等重点区域和美国白蛾、红脂大小蠹、林业鼠（兔）害等主要危险性林业有害生物的监测预警、灾情评估，提高精细化和生产性短期灾害预报预警水平，及时发布预报预警信息。

（三）加强检疫御灾体系建设。省林业主管部门要结合全省实际，科学确定林业检疫性和危险性有害生物名单，各设区市、县（市、区）要加强检疫御灾体系建设，提高御灾防范能力。根据本地实际确定重点检疫对象，切实加强产地检疫，狠抓源头管理，推进应施检疫的林业植物及其产品全过程追溯监管平台建设。加大复检力度，严格限制来自疫区的林业植物及其产品调入和过境。加强外来林业有害生物入侵的风险评估和检验鉴定，强化引进林木种苗及其他繁殖材料的检疫隔离试种和检疫监管，优化检疫审批程序，强化事中事后管理。

（四）开展定期普查。全省林业有害生物定期普查，要与常规疫情调查、虫情监测相结合，每5年开展1次全面普查，松材线虫病每年秋季开展1次疫情调查。严格执行疫情报告制度，新发现的重大林业有害生物疫情，要在第一时间上报本级政府和上一级林业主管部门，并启动林业有害生物应急预案。未经上级林业主管部门核准，任何部门和单位不得擅自发布疫情信息。

二、坚持科学防治和依法防治

（一）实行分级管理制度。省级重点支持和组织实施美国白蛾、红脂大小蠹、林业鼠（兔）害，以及钻蛀性和新入侵的高风险林业有害生物防治，最大限度地压缩疫情。市、县两级负责本行政区域针、阔叶树食叶害虫、经济林有害生物、林业有害植物，以及其他可造成一定经济损失或生态破坏的林业有害生物防治，要按照属地管理的原则，纳入各级地方规划和重点治理范围，确保不成灾。

（二）加强科学营林。树立森林健康理念，将林业有害生物防治措施纳入生态修复工程规划、造林绿化设计和森林经营方案，大力推广良种壮苗和抗性树种，积极营造混交林，加快纯林和低质林改造，开展封山育林，强化森林抚育经营，维护森林生物多样性。

（三）加强应急防控能力建设。各级政府要将林业有害生物灾害治理纳入防灾减灾体系，完善突发有害生物灾害应急预案，健全应急防控机制，加强应急防控队伍建设和应急物资储备，定期开展技术培训和应急演练。每年建设10至15个县级林业有害生物防控中心，提高基层突发有害生物事件应急响应和处置能力。

（四）大力推行无公害防治。加强林业有害生物天敌的繁育利用，积极推广信息素、生物和仿生药剂等无公害环保措施，避免因过度使用化学农药污染环境，干扰生态平衡。大力推广应用航空作业等现代化防治技术。

（五）提高依法防治水平。认真修订全省森林病虫害防治、检疫实施办法，制定完善防治作业设计、限期除治、防治成效检查考核等管理办法。落实"谁经营、谁防治"的责任制度，大力推行限期防治通知书制度，督导责任主体做好防治工作。各级各有关部门要依法履行防治工作职能，强化执法能力建设，加大执法力度，严厉打击和惩处违法违规行为。

三、积极探索创新防治机制

（一）完善联防联治机制。加强协调配合和信息沟通，省际相邻区域和省内相邻市、县（市、区）间要建立健全统一规划、统一作业时间、统一技术标准、统一防效检查的防治协作机制，积极开展跨区域联防联治，整体推进防治工作。引导林农、果农以村、组、户联合等形式建立防治互助联合体，开展专业化统防统治和区域化防治。深入宣传、大力普及监测和除治技术、法律法规等，增强全社会防灾减灾意识，大力开展群防群治。

（二）提倡建立林业有害生物防治减灾社会化、公司化的专业防治运营机制。各级各有关部门要通过政策引导、部门组织、市场拉动、技术支持等途径，扶持和发展多形式、多层次、跨行业的社会化防治组织，开展社会化防治服务。探索建立政府向社会化防治组织购买疫情除治、监测调查等防治服务机制。支持符合条件的社会化防治组织和个人申请林业贴息贷款、小额担保贷款。加强对社会化防治组织的监管和服务，建立防治组织市场准入、资质认定和从业人员资格认定制度，制定防治作业设计、防治成效评估标准，开展防治组织的管理与培训。支持防治行业协会、中介机构的发展，充分发挥其技术咨询、信息服务、行业自律的作用。

四、加大扶持力度

（一）加大资金投入力度。各级政府要将林业有害生物灾害治理纳入本级防灾减灾计划，将林业有害生物定期普查、植物检疫、监测预报、灾害治理和防治基础设施建设等资金纳入财政预算，加大资金投入。积极推进森林保险工作，加大林业贴息贷款、扶贫贴息贷款、小额担保贷款对林业有害生物防治的支持。风景名胜区、森林公园等经营者要按照国家有关规定，从经营收入中提取一定比例的资金用于林业有害生物防治。农机主管部门要将相关的林业有害生物防治器械纳入农机补贴范围。

（二）强化科技支撑。省、市、县相关科技计划（基金、专项），要加大对林业有害生物防治领域科学研究的支持力度，重点支持主要病虫害成灾机理、生态调控、外来林业有害生物入侵防控、快速检验检测等实用性技术研究和低毒低残留农药、生物农药、高效防治器械的研发推广。加强科技交流合作，学习借鉴国内外先进防治技术和管理经验。支持科研院校的森林保护、植物保护等相关学科建设，积极引进和培养高层次、高素质科技人才。

（三）加强人员队伍建设。各级政府要根据防治工作需要，合理配备人员力量，特别是要加强防治专业人员的配备。按照国家有关规定，落实好防治作业人员接触有毒有害物质的岗位津贴和相关福利待遇。加强防治队伍作风建设和教育培训，提高业务水平和依法行政能力。

（四）加强部门协调配合。各级政府要健全重大林业有害生物防治目标责任制，将林业有害生物成灾率、重大林业有害生物防控目标纳入政府目标考核体系，加大督导检查力度。农业、林业、水利、交通、住房城乡建设、环保等部门要各司其职，协调配合，积极做好林业有害生物防治工作。交通运输部门要严禁运输、邮寄未依法取得植物检疫证书的林业植物及其产品；工业和信息化、住房城乡建设、电力等部门要把好涉木产品采购关，要求供货商依法提供《植物检疫证书》，加强涉木产品企业单位监管，主动配合林业植物检疫部门对生产、购入、使用的可能带疫涉木产品及其木质包装材料进行检疫和除害处理；出入境检验检疫部门要对来自境外疫区的植物及其产品实施严格的入境检疫。

2014年9月28日